轻疗愈

敲除身材焦虑

THE TAPPING SOLUTION FOR WEIGHT LOSS & BODY CONFIDENCE

[美] 杰西卡・奥特纳 著
(Jessica Ortner)

张淼 施红慧 译

新世界出版社
NEW WORLD PRESS

北京版权保护中心引进书版权合同登记号：图字 01-2023-4838 号

图书在版编目（CIP）数据

轻疗愈 . 敲除身材焦虑 / (美) 杰茜卡・奥特纳著 ;
张淼 , 施红慧译 . -- 北京 : 新世界出版社 , 2023.12
ISBN 978-7-5104-7712-6

Ⅰ . ①轻… Ⅱ . ①杰… ②张… ③施… Ⅲ . ①情绪－自我控制－通俗读物 Ⅳ . ① B842.6-49

中国国家版本馆 CIP 数据核字 (2023) 第 134696 号

轻疗愈：敲除身材焦虑

作　　者：[美] 杰茜卡・奥特纳 (Jessica Ortner)
译　　者：张　淼　施红慧
策　　划：中资海派
责任编辑：张晓翠
责任校对：宣　慧　张杰楠
责任印制：王宝根
出　　版：新世界出版社
网　　址：http：//www.nwp.com.cn
社　　址：北京西城区百万庄大街 24 号（100037）
发 行 部：(010）6899 5968（电话）　(010）6899 0635（电话）
总 编 室：(010）6899 5424（电话）　(010）6832 6679（传真）
版 权 部：+8610 6899 6306（电话）　nwpcd@sina.com（电邮）
印　　刷：深圳市精彩印联合印务有限公司
经　　销：新华书店
开　　本：787mm × 1092mm　1/32　**尺　寸**：148mm × 210mm
字　　数：206 千字　**印　张**：10
版　　次：2023年12月第1版　2023年12月第1次印刷
书　　号：ISBN 978-7-5104-7712-6
定　　价：69.80 元

推荐语

谢里尔・理查森（Cheryl Richardson）
全美十大咨询师之一

这本书让我太兴奋了！敲击很强大，它能让你在极短的时间内就产生积极的改变。只需要照着书做一些敲击练习，你马上就可以感觉更良好。在领导女性走出“减肥地狱”方面，这本书可以作为里程碑被载入史册。

玛萨・席莫芙（Marci Shimoff）
畅销书《学会快乐》作者

杰茜卡・奥特纳为我们介绍了一种有效、实用的方法，帮助我们消除对身体的批评。如果想要体重和形体自信彻底而持久地改变，我们就得消除那些消极信念和情绪。敲击是我亲身体验过的最强有力的技巧之一，杰茜卡是引导我更加自爱、更加自信的完美向导。

珍妮弗·麦克莱恩（Jennifer McLean）
疗愈专家

情绪释放疗法简单、容易操作，而且可以创造奇迹，不仅能帮助我们解除束缚性信念，还能治愈某些身体疾病。本书提供的深刻洞见和已被证实有效的方法，将帮助我们实现身心平衡，改变生命，恢复活力。

丽萨·兰金（Lissa Rankin）
医学博士，畅销书《心态胜于医药》作者

作为医生，我充分了解维持健康体重的诸多益处。我一直想给那些准备好放弃节食，愿意为了永远保持最佳体重而做一些内在功课的病人推荐一本书。不用再找了，这本书就是我想要的。

朱莉·达尼卢克（Julie Daniluk）
《治疗炎症的食物》作者

杰西卡的作品充满激情，为我们提供了一把打开脂肪储藏库的钥匙。用敲击消除消极的自我暗示，找回与生俱来的形体自信和瘦身智慧，你就可以获得成功。

加布里埃尔·伯恩斯坦（Gabrielle Bernstein）
畅销书《不纠结过去，不忧心未来》作者

这本书不可不读！杰西卡·奥特纳出色地激励读者直面恐惧，和身体建立全新的关系。全书每一页都精彩无比，杰西卡为读者简化了敲击的技巧，同时为那些已经走上形体自信之旅的人提供了极大的支持。我爱这部作品！

桑妮雅·乔凯特（Sonia Choquette）
畅销书《答案很简单》作者

这本书指引你快速、轻松地拥有你想要的身体，彻底成为最棒的自己。读一读这本书吧，享受它带给你的自由。

唐娜·伊登（Donna Eden）
《能量疗法》《女性能量疗法》作者

这本书太棒了！我翻开第一页就被深深吸引了。我强烈推荐所有辛苦减肥的人都读一读这本书。感谢你，杰西卡·奥特纳，谢谢你写出了一部能帮助人们轻松获得形体自信的温暖作品。

克丽丝·卡尔（Kris Carr）
畅销书《全食物救命奇迹》作者

多年来，“改变你的盘子，改变你的命运”一直是我最喜欢的座右铭之一。但遗憾的是，当我们看低自我价值时，很少有精力去滋养身体。本书提供了一个强大的体系，可以释放那些阻碍我们爱自己身体的情绪和信念。现在，我养成了定期敲击的习惯，并从这种强大的情绪疗愈方法中获益良多。它是我会使用的最重要的治疗方法之一。

唐娜·盖茨（Donna Gates）
《身体生态食物》作者

杰西卡·奥特纳不仅温和地传授给我们改变生活的工具，还鼓励我们拥抱自己的独特性，完完全全地爱自己，接纳自己。要是每一位少女都能学习这种自爱和形体自信课程该有多好……

阿加皮·斯塔西诺普洛斯（Agapi Stassinopoulos）

《释放心灵》作者

杰西卡的作品是一份宝贵的财富！她为我们提供了大量工具、策略和观点，帮助我们更加爱和接纳自己，并深入解决体重伤痛背后的真正问题。读这本书时，你会感觉好像是在读一封最好朋友的来信。我本人一直在体验敲击为生活带来的新鲜感以及情感宽慰。如果你想感受自己的内在转变，就阅读并且试试情绪释放疗法吧。

前　言

换个“瘦”法，彻底摆脱焦虑胖与压力肥

多年来，我一直坚信减肥能解决我的所有问题。只要能穿进那条裙子或那几条牛仔裤，我就会很快乐，事业就会腾飞，“桃花”就会不断。不过，前提是我得减肥成功，改变现在这副模样。以前，每次拍照我都会感到惊慌，试图用双手遮住讨厌的身体部位，如果遮不住，我就会把照片裁切成大头照，这样大家就只看得到我的脸。我会刻意回避很多社交活动，会隐藏情绪，那样人们就不会留意到我很胖。我不断购买各种关于减肥、健身器材和减肥食品的书籍。

这听起来是不是很熟悉？你是否感同身受？目前，减肥已经催生出一个价值数十亿美元的产业，甚至成为一种文化痴迷。我猜想，你应该不是第一次购买与减肥有关的书吧。

但是为什么好像所有的方法都不管用？为什么具有强烈的减肥意愿、努力地付出，却收效甚微？肯定漏掉了某些东西，而它

们正是获得傲人身材的关键。但是，那到底是什么？是更频繁地锻炼，还是只做某种特定运动？是摄入各种碳水化合物，还是一点儿都不吃？是素食还是高蛋白饮食？在这个充满矛盾信息的世界里，到底什么能帮我们实现减肥的心愿？

总结起来，就是四个字：你的情绪。

瘦不下来？是负面情绪不让你瘦

你的情绪控制着你对自己、体重以及自我价值所持的信念。它们也控制着你的行为。你是否曾兴致勃勃地制订健康的饮食计划，最后却发现自己捧着半盒饼干，寻思着："我真的又……失败了吗？"你的情绪驱动着你的行为。你可能明确地知道"应该"做什么，但并没有去做，因为你的情绪转变了你的行为频道。

愤怒、害怕、憎恶和内疚，会"劫持"积极的情绪，并在生物学层面上影响你。这是个不应该被遗忘的、值得深入探讨的重要话题。我们已经听过太多饮食和锻炼方面的建议，但是我们了解"压力荷尔蒙"（皮质醇）分泌过度的影响吗？要知道皮质醇和腹部肥胖有直接的关系。科学界早就做过这类研究，但我们已经习惯于相信，只要吃正确的食物，多锻炼，就可以成功减肥。如果不成功，我们就会怪自己基因不好。更糟糕的是：我们甚至会相信，我们在某方面天生很糟糕。

在经历了很多年的溜溜球式（瘦了又胖，胖了又瘦，身体就像根橡皮筋一样。——译者注）减肥和许多不成功的减肥方法之后，我也精疲力竭了。于是，我开始用微笑掩盖这一切，并尽力取悦身边的所有人。但一回到家，我就猛吃甜食，而接踵而至的羞耻感则驱使我把干净的纸巾揉成团，丢进垃圾桶以盖住糖果的包装纸。

与很多对自己的身体和体重感到羞耻的女性一样，我私底下也是一名“情绪化吃货”。我在很小时就养成了这种习惯，并清楚记得自己的第一次“独自狂欢”。当时我只有 7 岁，引诱我的是满满一大盘巧克力曲奇饼干。我窝在一楼客厅的沙发里，一边竖着耳朵听有没有人下楼，一边“唰唰唰”地吃掉了所有饼干。虽然当时年纪小，但我已经知道这种行为会让人感到愧疚。

那一盘曲奇饼干只是个开头。在接下来的一年里，我对巧克力、其他甜食以及一些咸味点心爱恨交织，深陷其中难以自拔。每次我犯“甜食瘾”时，内心渴望会迅速战胜理性，并让我忘记上次猛吃之后自己有多难受。“甜食瘾”会突然袭来，就像一种必须被满足的生理需要。带着这个习惯，我进入了青春期，并发现体重在不断上升。这让我很慌张，于是想尽一切办法希望把体重减下去。

在那之后的一小段时间里，我每天都在节食减肥并死命运动。挨饿和运动是我对发胖的自己的惩罚。用这样的方法减掉几千克之后，我有所松懈。然后，就像得了失忆症一样，又开始大吃大喝。我告诉自己：“一直以来，我的表现都这么好，我值得这份奖励！”我对自己说：“我已经运动得这么累了，今天就破例吃掉这个吧。”不久之后，看着镜子里的自己，我再一次感到既挫败又伤心，怨恨、失望和愤怒淹没了我。

爱因斯坦有一句名言：所谓疯狂，就是重复做同一件事，却指望得出不同的结果。所以，简单来说，我是个疯子；我的节食计划是疯狂的；我贬低、羞辱自己，出于内疚而试图让自己“改头换面”的行为都是疯狂的。

幸运的是，2004 年时，我的兄长尼克·奥特纳（Nick Ortner）建议我尝试敲击疗法，即情绪释放疗法（Emotional Freedom Technique，简称 EFT）。情绪释放疗法是一种通过敲击人体穴位释放压力的治疗方法。敲击穴位，最终消解了控制我的体重和自信的那股疯狂力量。不过，坦白地说，我刚开始接触情绪释放疗法时，确实认为敲几下就能治病才是真正疯狂的事。

尼克第一次向我演示情绪释放疗法时，我很肯定这是他的恶作剧，所以我拒绝照做。但当我最终让步，尝试敲击了一会儿之后，便对它收效之快感到震惊。当时，我得了重感冒，还由此引发了鼻窦炎，已经卧床休息了整整两天，但仅仅在敲击穴位 10 分钟后，感冒的症状就消失了。我还记得，当我完成敲击动作，发现自己终于可以用鼻子呼吸之后，内心有多么震撼，那简直就是一个小奇迹。在我针对身体症状敲击了一会儿相应穴位后（接着我还针对事业停滞产生的压力和沮丧情绪进行了敲击），我的感冒和鼻窦炎症状逐渐消失了。这是我第一次意识到，自己一直以来都低估了情绪和压力对人体的严重影响。

几年之后，尼克和我，还有他的好朋友尼克·波利齐（Nick Polizzi），一起制作了一部纪录片《轻疗愈》（*The Tapping Solution*），向人们展示了情绪释放疗法产生神奇疗效的真实案例。这部纪录片不仅给我们带来了巨大的财务风险，还持续考验着我们梦想的力量。在影片制作和筹集资金两方面，我们都没有任何经验。所以，我们只能一边缓解自身的焦虑，不断强化自己“目标一定会实现”的信念，一边逐步推进影片的制作。这听起来可能像是陈词滥调，但实际上，这部关于情绪释放疗法的纪录片之所以能够顺利问世，正是因为我们在整个制作过程中一直都在亲身实践它。

情绪释放疗法到底是什么？请跟着我继续读下去。我会在第1章和第2章中，更详细地阐述情绪释放疗法的概念。在体验过情绪释放疗法的神奇疗效之后，我开始运用它改进生活的各个方面。当然，除了那个从童年起就一直操控着我的生活和幸福的梦魇——我的体重和外表。

我和体重之间的斗争构成了我大部分的自我认知，但那也是令我羞耻并一直想要隐藏的部分。即使连续几周极端的节食和运动让我轻了几千克，我也整天惴惴不安，纠结于吃了什么或没吃什么。即使是在我还算“苗条”时，我的内心也没有平静过，更别说感到快乐了。

后来我意识到，对体重的痴迷蒙蔽了我的双眼，让我无法透过表象看到身体内部正在发生什么。就像我现在教导和培训的许多女性一样，我已经习惯于相信“只需要意志力就可以减肥”，并且我一直相信，我天生就缺乏这种意志力，而那些瘦子却不是这样。即使学习了个人成长知识多年之后，我也很少往“情绪可能正在影响我的减肥努力”这方面想。

因体重问题与幸福绝缘 10 多年后，终于重获身心自由

然而，2008 年发生的那件事，迫使我叫停了那些疯狂的减肥计划，认真思考隐藏在我体重背后的痛楚。

2008 年，当我参加一场会议时，一位女士走过来和我打招呼，并热情谈论起我的影片。那个时候，纪录片《轻疗愈》已经完成，成千上万的人看过我做的网络访谈。第一次和粉丝见面，而且听到这么积极的反馈，我非常激动。但是，她在猛夸我一顿之后说了一句话，简直就是一枚炸弹。“你的个头比我想象的更大。”她边上下打量我边说。一瞬间，我的心情从得意扬扬和兴奋变为绝望和沮丧。

这些年来，我的体重被人评论过很多次，但每次都是以我谦卑地承认“我需要一种新的减肥方法”结束。这位女士对我的评判之所以会伤我至深，是因为我也一直在评判自己。我想，是时候深入审视我和身体及体重之间的关系了，是时候停止取悦他人了！那只会加深我一直隐藏在体重背后的伤痛。

会议结束之后，我回到家里，开始整理我与几百位情绪释放治疗专家、个人成长权威、精神病学家和心理学家访谈时学到的知识，并在自己身上尝试。

用情绪释放疗法减肥之前，我定下一些规则：我不可以用节食或极端的运动惩罚自己。过去，这两种方法都没起作用，我不能重蹈覆辙。而且，我也不能再把体重作为不快乐或不追求理想生活的借口。因为这样做对减轻体重没有丝毫帮助。

我开始反思自己和身体、食物、运动、性亲密、快乐及完美

之间的关系，发现自己并没有问题。只是某些信念导致我喜欢从食物里获得慰藉，而一旦此路不通，我就会倍感煎熬。我突然意识到，我基本不可能照顾好自己厌恶的对象。长时间厌恶自己的身体，导致我完全不知道怎么尊重、爱护自己。对外表的极度关注，剥夺了我尊重、爱护自己的机会，而这仅仅是因为我不符合时下以瘦为美的文化。

情绪释放疗法抑制了食欲，所以我得以把瘦身计划坚持下去，并且有余力关注长期折磨我的感觉和信念。情绪释放疗法也缓解了我的压力，清除了把我的身体困在焦虑和压力状态下的情绪包袱。

不断实践情绪释放疗法之后，我的压力和情绪包袱一点一点消失了。我终于能感知到身体想要什么。品尝到有助于健康和幸福的食物时，我体验到了一种难以置信的释放感。而且，吃掉这些食物时，我竟然感觉到了快乐。人生中第一次，我开始想要舞动身体。

越是欣赏和爱自己的身体，我就越容易照顾好它。我开始欣赏自己的成就、体验快乐，而且即使我还没减肥成功，我也觉得自己是美的。运用情绪释放疗法，我终于活出属于自己的精彩、发挥出潜在能量。同时，我越是积极向上地生活，减肥就变得越来越轻松。

在因为体重问题而与幸福绝缘十多年之后，我终于发现，一直以来，我都搞混了这样一个逻辑关系：不是减肥让我更自信，而是自信让我能够保持适当的体重，并拥有更加强壮、健康的身体。对我自己和近年来与我合作过的数千万客户来说，减肥和获得形体自信，与减掉哪里的脂肪无关，而是与我们看待自己的角度，以及生活在这个世界上的姿态有关。

意识拥有强大的能量。当我们诚实面对自己时，会发现眼前的一切突然变清晰了。但是，光有意识还不够。我们或许能清楚地意识到障碍是什么，但思想和行动依然会被割裂。这时候，我们就需要运用情绪释放疗法。我一次次地为情绪释放疗法的效果惊叹，不仅惊叹于它在我身上显示出的效果，也惊叹于成千上万名减重者身上发生的变化。这些人曾观看《轻疗愈》纪录片，并参加我们的网络课程以及一年一度的情绪释放疗法世界峰会（Tapping World Summit）。

我曾经浪费大把时间抱怨自己"试过了一切办法""它们对我来说一点也不管用"。但我还没试过这件事：爱自己，接纳自己。情绪释放疗法帮我做到了这一点。接着，我的身体和生活就陆续发生了许多难以置信的变化。

请务必跟随我的引导，完成所有练习

接到写作这本书的邀请之后，我独自一人坐在厨房的地板上抽泣，因为用如此公开的方式分享自己的经历，令我非常恐慌。另外，我也不想被看成减肥产业的一分子。这个行业中有太多商家，企图通过让女性对自己感觉糟糕而赚取大把钞票。我不是那种人，我也不想干这一行。

但我最终还是答应写这本书，因为我知道你们在普通的减肥书里不可能找到我将要分享的内容。我不相信节食，也不会列出一长串运动计划。在我的指引下，已经有成千上万名客户踏上了自我发现和探索之旅。我希望引领更多女性踏上这条我曾经走过的路。

尽管这本书的书名（原英文名为 *The Tapping Solution for Weight Loss & Body Confidence* ——译者注）和我的网络课程名称中都用到“减肥”（Weight Loss）这个词，但实际上，假如体重没有妨碍健康，我并没有那么关心减肥这件事。对于我来说，体重减轻是我更爱自己和感觉身体更健康、更美丽之后产生的一种让人愉快的副产品。

而更爱自己，并对自己的身体感觉更美好，才是我真正希望大家从这场旅程中体验到的部分。因为当你这样做的时候，你的整个生命都会舒展开来。你的内在和外在都会发生惊人的、振奋人心的转变，你的梦想也才能照进现实。

有趣的是，尽管减肥从来不是我的首要任务，但我身上的赘肉却不知不觉消失了，而且这种巧妙的现象一次又一次在我的学员和客户身上出现。这或许就是情绪释放疗法的神奇之处。使用情绪释放疗法来清除压力、束缚性信念和情感，你可以迅速找到你和身体真正需要的东西。这样，你就可以更少地关注实际减轻的体重，更多地关注自己的情感，以及你和自己身体之间的关系。这听起来可能有些玄乎，但我的客户和学员就是在转移注意力之后，才发现自己可以用一种自然的、毫不费力的方式减掉体重，并保持下去。

尽管减肥效果足以令人惊叹，但最令我激动的是那些女性的自我感知也发生了非常大的变化。甚至，即使在瘦身成功之前，这些女性也已经不再躲躲藏藏。她们爱上了自己，并且在人际关系和事业上取得了巨大的进步。她们赞美自己的美丽，不仅因为体重计上的数字或衣服的尺码，还因为她们真的认为自己很美丽。

就像你可能已经猜到的，我在这本书里分享的旅程专为女性朋友量身定制。虽然情绪释放疗法的瘦身功能对男性和女性都有效，但女性对体重的感受和对身体的自信程度都不同于男性。

在这本书里，我设计了多套不同的方法，在授课、与学员互动的过程中，我受益良多。在书中，我将尝试解决学员们提出的一些最普遍的问题。接下来，让我们简单了解一下本书的内容。

在这本书的第1—3章，我会阐述情绪释放疗法的理论基础，解释情绪释放疗法是什么，以及它为什么起作用。然后，我会教你运用情绪释放疗法迅速越过许多人都会面临的第一个障碍——恐慌，并引导你踏上属于自己的减肥与形体自信寻回之旅。

在第4—8章，我会带领你“剥洋葱”，探索体重和形体自信寻回之旅中更深层的部分。这将帮助你清理妨碍你减轻体重的模式和情绪。

在第9—12章，你将学习如何在自己、运动以及食物之间创建一个更强大的关系，并且学会照顾好自己。

阅读本书、体验情绪释放疗法时，请务必跟着做所有的练习，并实践所有的敲击冥想方法。

你会在相应章节的末尾找到相应的敲击冥想方法，它们是我专门设计出来帮助你应用那一章所学到的知识的。当然，最重要的是你要真的进行敲击。如果你不敲击，那么读完本书，你或许能够理解为什么你会被减肥问题困扰，但你无法消除这个困扰，无法减肥成功、保持身材、增强形体自信。

我建议你先一口气把整本书读完，然后再回过头重新阅读与你产生共鸣的章节。我希望你在需要帮助的时候想起这本书，并随时翻开它，让它成为陪你走过这段旅程的伴侣。

很荣幸，我能够和你分享这个过程，而且我希望本书能指引你拥有更健康的身体，希望你每一天都会发自内心地喜爱和欣赏自己。更重要的是：我希望读完本书后，你会开始爱自己，接纳自己是这么一位令人惊叹的女性。从现在开始，愿你能看到自己在这个世界上拥有的真正价值。

目 录

THE TAPPING SOLUTION FOR WEIGHT LOSS & BODY CONFIDENCE

第 1 章

情绪释放疗法如何帮助你减肥？

艰难节食、玩命运动、自我催眠……为了瘦下来，我们几乎尝试了所有方法，但体重不是高冷地“坚定不移”，就是自暴自弃地“忽上忽下”。到底有没有一种既科学，又不反弹，且不需要节食、运动的减肥方法？

健康、财富、幸福、爱和成功，你值得而且应该拥有。

《早起的奇迹》（*The Miracle Morning*）

身高 195 厘米的道森·彻奇（Dawson Church）博士是个很难被忽视的人，所以，我一走进会场就发现了他。这一次，我们共同在伦敦做一场关于情绪释放疗法的演讲。我高兴地踮起脚尖，朝站在会场另一端的他挥挥手，毕竟我只有 157 厘米高，不太可能直接出现在他的视线范围内。

我和彻奇博士初次相遇是在 2007 年，当时我正在拍摄《轻疗愈》这部纪录片。在那之后，我和彻奇博士有过几次愉快的合作。一直以来，我都十分欣赏他的乐观个性，因为他拥有那种连圣诞老人都会嫉妒的爽朗笑声。所以，当我看到他穿过拥挤的人群向我走来时，感到非常兴奋。我马上就意识到，彻奇博士肯定会告诉我一些令人振奋的消息。在简单的寒暄之后，他告诉我，他在近期参加的一场医学会议上，首次报告了他的最新研究成果。

彻奇博士证明了一个事实，这个事实我曾亲身体验过，也被成千上万人验证过：敲击穴位可以显著减轻压力对人体产生的消极影响。

在这一章，我会和大家分享彻奇博士的研究，以及其他几项突破性研究成果。这些研究解释了为什么情绪释放疗法能帮我们减肥，且是在不节食、不做大量运动、不反弹的情况下。

8 周减掉 7.25 千克，只需每天敲击 15 分钟

佩塔·斯特普尔顿（Peta Stapleton）博士，是澳大利亚昆士兰州的一位临床心理学家，是治疗进食障碍的权威，在减肥与进食行为方面有 20 年的研究经验。在我访谈斯特普尔顿博士时，她总结了研究的第一阶段即最重要的阶段所取得的成果。第一阶段的研究主题是，敲击穴位如何对食欲和减肥产生影响。结果非常令人兴奋，证实了我在客户与学员身上反复见证的事实。

佩塔·斯特普尔顿博士进行这项研究的目的，在于探索敲击穴位是否会影响减肥和食欲，以及影响有多大。凭借她和团队记录下的研究过程与数据，在发表最终研究结果之前，斯特普尔顿博士实际上已经向国际医学界公开了一些新发现。

89 名女性参与了斯特普尔顿博士的对照研究。她们的年龄为 31 ~ 56 岁，而且 BMI 体重指数（用体重千克数除以身高米数的平方得出的数字，是国际上常用的衡量人体胖瘦程度以及是否健康的一个标准。——译者注）都显示为

"肥胖"。在为期 8 周的研究中，她们每周会敲击穴位 2 小时，平均每天敲击 15 分钟。只通过敲击穴位，不节食也不运动，这些受试者在研究结束时，平均每人减掉了 7.25 千克！

尽管斯特普尔顿博士在研究前也预测到，敲击穴位的受试者会减掉一些体重，但她承认，最终的数据令她非常惊讶。更令人兴奋的是：即使大部分受试者在研究结束之后停止了敲击，她们的"新体重"似乎也能保持 6 周甚至更久。

这怎么可能呢？在这么短的时间里，敲击穴位怎么可能产生如此惊人与持久的瘦身效果？为了理解斯特普尔顿博士的研究结果，让我们先了解一下压力对人体的影响。

你的身体里有一间配药房，身体会持续不断地供给它正常运作所需的荷尔蒙和化学物质。遗憾的是，很多人会大量吃一种导致体重增加的药，且每天吃，它的名字叫压力。

压力始于杏仁核。杏仁核呈杏仁状，是边缘系统及中脑的一部分，被称为"人体的烟雾探测器"。当察觉到危险时，杏仁核会令我们的大脑产生一种被称为"战斗还是逃跑"的生理应激反应，这种应激反应会令人体过量分泌一种叫作"皮质醇"的荷尔蒙。研究发现，皮质醇与食欲增加、对糖分的渴望以及腹部脂肪的堆积有关。即便是轻微的压力，像是担心牛仔裤太紧了或没法减掉孕期增加的体重，都会导致身体产生"战斗还是逃跑"反应。当产生类似愤怒、害怕和内疚等消极情绪时，身体也会产生相同的压力反应。

“战斗还是逃跑”反应会让身体准备好应对危险：要么战斗、要么逃跑，正如我们的祖先在荒野中遇见老虎时所做的那样。这种压力可以把你从突然出现的危险中救出，因此身体中所有防御系统都会被迅速激活。比如，肾上腺素升高，肌肉收紧，血压、心率和血糖都会升高，这样你就能更快做出反应，跑得更快、爬得更高。

由于身体中所有的能量都被集中用于自我防卫，那么，那些对于防卫来说不太重要的功能，例如消化功能，就会被延迟或完全关闭。毕竟当你逃命时，消化不良问题根本就不值得考虑！然而，无法正常消化食物会对新陈代谢产生消极影响，也会阻碍身体消化吸收急需的营养。**缺乏必要的营养物质时，身体就可能产生饥饿感，但这并不是因为你真的需要更多食物，而是压力反应导致身体无法很好地消化原本能够消化的食物罢了。**

和祖先不同，我们听命于一套复杂的应激与压力反应系统；我们的压力水平会在较长的时间里保持较高水平；我们的身体也会更经常地、长期地保持“战斗还是逃跑”的应激状态。这会对我们的消化、新陈代谢与荷尔蒙分泌持续产生消极影响。

因此，即使你积极锻炼、控制饮食，压力也会让你在减肥方面的努力前功尽弃。这时候，敲击就会成为非常强大的工具。敲击的强大功能在于：它能打破“战斗还是逃跑”的防御系统，让你的身体迅速回到更加放松的状态。**在放松的状态下，我们就可以更好地消化食物，并进行新陈代谢。**

哈佛医学院等专业机构实践验证敲击的神奇功效

彻奇博士和他的研究团队进行了一项随机对照研究。他们对83名受试者的皮质醇水平（处于压力状态下的人，皮质醇水平会偏高。——译者注）和心理状态变化进行了观察。研究人员把受试者分成3组，对第一组受试者进行1小时的敲击治疗，对第二组进行1小时的咨询治疗，对第三组没有进行任何治疗。

研究人员发现，1小时后，第二组和第三组受试者的皮质醇水平仅下降了14%，而接受敲击治疗的第一组受试者的皮质醇水平平均下降了24%，其中一些受试者的皮质醇水平甚至下降了50%！

第一组受试者的皮质醇水平下降得如此急剧，以至于研究人员认为，要么是样本抽取出了问题，要么是设备发生了故障。为了确保实验结果的准确性，研究人员推迟数周才递交研究结果。在此期间，研究人员重新调试了设备，并又进行了一次测试。当看到两次测试均出现了同样的结果，研究人员才把研究报告递交给彻奇博士。

彻奇博士的研究发现，不仅经过了实验室的反复检验，也与哈佛医学院在过去10年间进行的一项研究结果相吻合。哈佛医学院的研究表明，刺激人体的某些经络穴位可以降低杏仁核和大脑中其他与负面情绪相关区域的活动强度。在fMRI(功能性核磁共振成像)和PET(正电子发射X射线层析照相术)检查中,你可以清晰地看到，当人体穴位受到刺激时，杏仁核发出的“报警信号”会减弱。

哈佛医学院的研究，集中考查了对经络穴位进行针灸后的人体反应。另一项独立的双盲研究（在双盲实验中，实验者和参与者都不知道哪些参与者属于对照组，哪些属于实验组。——译者注）也证实，只要刺激经络穴位,即使不用针也能产生同样的积极影响,比如敲击。

通过敲击穴位解决情绪问题，是能量心理学领域的一种心理治疗方法。目前，能量心理学领域的许多研究，正受到越来越多的关注。出现这种现象的部分原因在于，与临床心理学学会（美国心理学协会第十二学会）设定的标准相比，该领域采用了更加具有“实证”基础的研究方法。

许多心理学家和心理健康专家开始把敲击纳入日常实践。如今，自己动动手指就可以大大缓解压力，这让我的兄长和我都非常激动。**一旦学会敲击，你就拥有了支撑你翻越压力之山的工具。它拥有的力量简直令人难以置信！**

现在，我们已经了解了敲击可以影响体重和压力的研究。接下来，我想分享一下敲击的简短历史。这段历史，有助于我们了解敲击在改善身心健康方面拥有的神奇功效。

罗杰·卡拉汉（Roger Callahan）博士是一位科班出身的心理学家。1979 年，当卡拉汉博士运用敲击疗法治疗患者时，他取得了人生的第一项突破性发现。在运用敲击疗法之前，卡拉汉博士首先学习了人体的经络穴位分布。这是古代中国著名的医疗技术——针灸的基础。人体的经络是把重要的生命能量，也就是我们的“气”，输送到各个器官和系统的能量通道。人体正面和背面都分布着大大小小的经络，每条经络都和一个独立的器官相连，例如胃、胆囊、肾等。你就是从每条经络的“终点”，也就是从皮肤表面可以按压到的穴位获得能量。

这些经络穴位就是针灸的施针位置，也是我们要敲击的地方。通过敲击某条经络，我们可以平衡或增强这条经络中的能量流动。当“压力山大”时，我们常会无意识地触摸某些地方，例如额头、下巴、锁骨。这些无意识的动作可能就是为了释放压力。

当卡拉汉博士发现敲击穴位有助于改善病情时，他决定继续研究经络穴位，并把传统心理治疗和穴位敲击治疗融合起来。随着时间的推移，卡拉汉博士制定了多套敲击顺序，以解决不同的问题，例如治疗恐惧的敲击顺序，以及治疗愤怒的敲击顺序等。后来，卡拉汉博士开始向学生们传授这些敲击顺序。

其中一位名叫加里·克雷格（Gary Craig）的学生进行敲击实验后发现，敲击顺序不如敲击本身起作用。为了简化敲击过程，加里整合出一套固定的敲击顺序，这就是后来的情绪释放疗法的基础。现在，许多不同的敲击方法都是以加里·克雷格的情绪释放模型为基础，而这类治疗方法通称为“敲击疗法”或“经络敲击疗法”。

加里开创的情绪释放的敲击顺序涉及人体的所有主要穴位。运用这套敲击顺序可以解决各种身体问题。我将在第2章详细介绍这一套敲击顺序，这里只简单透露一下：**从手掌侧面开始，然后敲眉毛内侧、双眼外侧、双眼下方、鼻子下方、下巴、锁骨、腋下，最后敲头顶。**

当克雷格简化敲击顺序时，帕特里夏·卡林顿（Patricia Carrington）博士通过同事亲身实践，找出另一种敲击顺序，也获得了很棒的效果。她发明了一种“选择描述语”的方法，我们将在后文介绍这种方法。

随着加里·克雷格和卡林顿博士的工作逐渐传播开来，他们的研究结果吸引了众多心理学家和研究者的注意力。之后，他们的诸多研究工作帮助我们更好地了解了敲击是如何重新训练我们的大脑的。

重新训练你的大脑，摆脱食物依赖症和情绪化进食

敲击疗法不仅可以缓解焦虑、恐惧，治疗心理创伤，还可以减肥，为了理解这些突出疗效，我们还需要理解大脑边缘系统（Limbic Response）中的反应。大脑边缘系统是高等脊椎动物中枢神经系统中由古皮层、旧皮层演化成的大脑组织以及和这些组织有密切联系的神经结构和核团的总称。其重要组成包括：海马结构、海马旁回及内嗅区、齿状回、扣带回、乳头体以及杏仁核。

前文已经说过，察觉到危险时，杏仁核会激发“战斗还是逃跑”的反应。

> 当感知到和食物有关的压力时，大脑也会产生相同的反应。例如，当你很想吃巧克力时，可能身体正因为边缘系统的反应而痛苦挣扎。当压力袭来时，如果你的大脑选择用一整盒巧克力曲奇饼干来缓解压力，那也难怪你会在工作一整天后停不下嘴了。

但现在你知道，敲击可以让“战斗还是逃跑”反应迅速消失，并降低你的皮质醇水平。也就是说，它可以改变大脑面对压力和

巧克力曲奇饼干时的反应。敲击治疗可以让你不再迫不及待地吃掉眼前所有的饼干，而是让你停下来思考，吃饼干到底是不是让你放松下来的最佳方法。

如果强烈渴求食物，你可能不会相信自己能在那一刻停下来，思考自己是“想要吃”还是“需要吃”的问题。我是那种在沙发上小坐 5 分钟就能狼吞虎咽下一整盒有机谷物棒的人，所以我完全能理解你的感受。当认为自己不吃就会死时，我会被大脑里根深蒂固的边缘系统反应牢牢控制，而且，可能是持续被控制很多年。

实际上，你可以训练自己的边缘系统，使其面对熟悉的刺激物时，产生不同的反应。这种观点和近期的一项关于神经可塑性的研究结果相一致。这项研究表明，大脑的通路可以被改变。科学家推测：训练边缘系统，让其用新的方式应对白天工作带来的压力和疲惫时，可以改变我们的神经通路。这实际是在训练我们的大脑，用不同以往的方式做出反应。

在帮助数千名客户解决食物依赖症和情绪化进食问题后，我依然对敲击能迅速改变人们行为的功能感到惊讶。在接受释放压力的敲击治疗后，客户常会说：“哇，这真的和食物没关系。”一旦我们用敲击疗法释放了导致客户过量饮食的压力，他们就会不知不觉减少进食，而那些原本导致他们暴饮暴食的情境和食物也渐渐失去了魔力。

这是否意味着这些客户再也不会被自己的渴望和情绪化

进食操控? 并不是。但是，她们的冲动一般都会平息下来。在描述接受治疗后的情形时，她们常说 :“我终于可以做到食物在旁，也能内心平静了。”客户告诉我，多年以来第一次，她们终于可以在参加派对时不再一门心思地关注食物了 ；她们终于能够和那些原本不太可能结识的人愉快地交谈了 ；她们可以轻松地出门散步或去上瑜伽课，并且真的享受其中了。

关于敲击、减肥和形体自信的成功故事，涉及各种环境、难题和挑战。但不论客户的经历如何不同，每次接受敲击治疗后，她们的体重都有所下降，而且可以保持很久不反弹。更重要的是，在体重还没有降下来之前，她们就已经可以感知身体的美丽。

务必坚持敲击，你一定会得到惊人的收获

人们常会问我，要敲击多久才能瘦下来。很多客户在接受敲击治疗的前几周，体重就开始下降，但每个人体重下降的节奏各不相同。敲击固然能释放压力，但如果我们过分执着于结果，那将适得其反。当我们真正踏上这条旅程时，减肥将成为产生良好自我感觉的一种令人愉快的副产品。

敲击疗法也可以缓解头痛、背痛和几乎所有的生理疼痛及失眠症状。它还可以缓解诸如恐惧、愤怒之类的消极情绪。在工作一整天后，敲击可以让你放松下来。当你无精打采时，敲击可以让你精

力更充沛。总之，敲击为我们带来的生理上和情绪上的益处无穷无尽。所以，不论何时，当想让自己感觉更好时，你都可以试试情绪释放疗法。

情绪释放疗法有着令人信服的科学依据。不过，我是在亲眼见证敲击为客户、我以及我的朋友和家人带来惊人的效果后，才真正相信它是我所见过的最强大的减肥工具。

刚刚尝试情绪释放疗法时，我对它保持强烈的怀疑态度，但如今，我惊讶于情绪释放疗法在减肥、保持体形、增强形体自信、释放压力、治疗疾病、缓解生理疼痛等方面的显著效果。这些年来，在看到情绪释放疗法无可争辩的疗效之后，我非常感激这种改善健康和塑造体形的有效工具能被发现。我的怀疑早就烟消云散了。

我的许多客户在最初接触情绪释放疗法时，也深表怀疑。我很感谢她们坦诚地把自己的想法告诉我。跟我一样，她们尝试过数不清的减肥方法：节食、运动、催眠、冥想等。每次尝试新的减肥方法后，我们都没有看到体重的改变，即便偶尔真的减掉几千克，也会很快又长回来。在他们看来，敲击疗法又会有什么不同呢?

但是，当开始敲击治疗后，她们的体重很快就开始减轻。这一次，体重减轻不是节食的结果，而是因为她们开始热爱生活、学着快乐地度过每一天。敲击有助于降低皮质醇水平，而这可以帮助她们减轻体重。

敲击也能帮助你培养健康的生活方式，并一直坚持下去。我将会在本书中分享许多客户的故事。这些活生生的例子向我们证明：即便你不相信情绪释放疗法可以帮你减肥，只要你坚持下去，就一定会获得惊人的效果。不论你相信与否，只要你坚持敲击，最终就会实现减肥目标，并且不再反弹。所以，让我们开始实践情绪释放疗法吧。

轻疗愈

THE TAPPING SOLUTION FOR WEIGHT LOSS & BODY CONFIDENCE

第 2 章

快速启动，揪出隐藏在体重背后的情绪问题

顺利开启减肥旅程的最佳方法就是立刻花 15 分钟，针对任何带给你压力或焦虑的事物进行敲击，先不去管它是否和你的体重有关。在不久后的某一天，你会突然发现自己的身材棒极了！

深入那个能让人内心平复、无所顾虑的个人领地，那里只有你和你的本能，能让自己专注，不受消极情绪的干扰。

《野蛮进化》（*Relentless*）

南希的压力从没那么大过。这位 53 岁的企业家一边想从纽约搬家到旧金山，一边继续经营公司。南希在打包浴室里的东西时，看到了体重秤，于是站了上去。南希非常惊讶，因为体重秤上的数字打破了她以往的最高纪录。这已经不是南希第一次在称体重之后感到惊讶和心碎了。

南希已经记不清不被体重困扰是什么时候的事了。她尝试最新的节食菜单，努力运动，好不容易减掉几千克，但很快就胖回来了。每当南希成功瘦下几千克后，她都能感觉到赘肉正绞尽脑汁地跳回她身上。而一旦她放松警惕，亲近食物，恢复正常的饮食习惯，赘肉就赢了——体重又上升了。

在旧金山展开新的冒险时，南希决定抛弃在纽约时的节食习惯和充满压力的生活模式："我一直对自己说'要找一种新方法，要终结现有模式'。"南希听过我的演讲，而且听说我的兄长一直在用情绪释放疗法缓解压力。在听说我的减肥项目后，她还没有完成搬迁工作就报名参加了我们的课程。

当南希在旧金山安顿下来时，她已经练习情绪释放疗法 4 个月了，而且常常运用我的敲击冥想法。搬家的过程充满压力，但南希运用情绪释放疗法，把它们一点点释放了。最后，南希拆开了体重秤的包装，再一次称了体重。再一次，她为眼前的数字感到惊讶，但这是令人愉快的惊讶！在这个无法（也不愿意）遵循严格节食计划的时期，南希的体重减轻了。南希对情绪释放疗法的效果感到非常兴奋，于是在网络上发表了一篇文章，向女性企业家介绍情绪释放疗法。以下是她文章的部分内容：

我再也不渴望糖果、甜食和碳水化合物了。我很少吃它们，而且一点儿也不想念它们了。另外，就算我吃甜食时，内疚感也减轻了，这没什么大不了。所有和食物、体重以及外形有关的戏剧化情节就这么消失不见了。我轻轻松松减掉了 7 千克，而且还可能减掉更多！

最重要的是，现在我真的明白节食和体重给我造成了多大压力，特别是消极的自我暗示，这只会让问题更加严重。我终于明白，这些年来，我一直都做错了！这是我遇到过的唯一一个指出了隐藏在体重背后的情绪问题的治疗项目。

你准备好像南希一样“揪出”隐藏在表象之下的情绪问题了吗？在此之前，让我们学习如何敲击。

紧跟我的步骤开始敲击，每天几分钟摆脱身材焦虑

刚开始接触情绪释放疗法时，你可能会感觉它有点奇怪。下面我来谈谈我的看法。还记得你说服自己改变观念是怎样的情形吗？你是一个聪明的、有自知之明的人，而且你知道应该通过正面的理性思考摆脱某种观念或情绪，但你就是做不到。因为你的身体能真切感觉到它的存在，可能是你的胸口憋闷，或是你的胃部有焦灼感。

情绪释放疗法所做的就是在你的身体和思想之间搭建一座桥梁。当你一边集中精力关注某种想法或感觉一边敲击时，你的身体就会放松下来，并且向大脑发送“冷静下来”的信号。**我的客户之所以能凭借情绪释放疗法瘦身成功，除了因为它疗效显著外，另一个重要原因是，我的客户的日程表通常都排得很满，而情绪释放疗法刚好不会占用她们太多时间。**情绪释放疗法使用起来简单方便，而且可以在使用短短几分钟后就让你感觉很棒。

情绪释放疗法的基本步骤

步骤 1 找到你的敲击对象（“压力王事件”），并为它想一个提示语。

步骤 2 用主观焦虑评分为你的压力王事件打分。

步骤 3 拟定一份问题描述语。

步骤 4 用一只手的 4 根手指敲击另一只手的手刀点，同时将问题描述语重复 3 遍。

步骤 5 按顺序依次轻轻敲击身体的 8 个部位，同时大声说出压力王事件的提示语。每个部位敲击 5 ～ 7 次。重复这个步骤，直到你感觉情绪好转为止。

步骤 6 当你感觉情绪好转之后，做一个深呼吸，再次用主观焦虑评分为你的压力王事件打分。

就是这么简单！接下来，我会更具体地向你介绍这些步骤。

步骤 1 找到你的压力王事件

鉴于你正在读这本书，我推测你很渴望减肥成功，或是希望获得形体自信。跟很多女性一样，你可能过得很充实，可能需要平衡好工作、家庭和朋友之间的关系，可能正在尝试治疗某些疾病，可能背负着财务压力，也可能刚刚与老板或丈夫大吵了一架需要走出消极的情绪……凡此种种，都可以成为压力王事件。

简而言之，压力王事件就是最困扰你的那个问题。它非常适合作为你的第一个敲击对象。压力王事件可能是：

- 最近，工作压力非常大。

- 居高不下的体重让我非常沮丧。
- 我头疼得厉害。

花点时间回答这两个问题：现在最让我苦恼的事情是什么？在生活中，哪件事给你的压力最大？你可以把压力王事件写下来，也可以在阅读本书时在心里默念它。

同时也请记住，清单上的事件不一定非要和减肥或形体自信有关，因为影响我们体重的压力，最初常常和体重没有直接关系。

如果你同时想到了好几件压力王事件，可以先挑选其中让你感觉压力最大的那件进行敲击。这时候，答案无关对错，所以请跟随直觉，选择你脑海里出现的第一件事，或你感觉压力最大的那件事。

找到压力王事件并且开始敲击治疗时，你需要尽可能把它描述得具体一些。例如，如果工作是你目前最大的压力来源，那么，为什么它让你“压力山大”？老板不赏识你？你最近换了新工作或创办了一家新公司？

针对笼统的问题敲击当然可以改善你的心情，让你感觉更好，但把问题描述得更具体，可以让你更加集中于自己当时的感受，也能更好地调节大脑对压力的反应。你会感觉到，尽管现状还没改变，但你已经不再感到焦虑了。这时候你就能放松下来，做出更好的决策或行动。

如果你在描述具体问题时卡壳了，那就把注意力放在自己的感觉上。你也可以想象当时的画面，然后边敲击边把画面描述出来。

敲击时，请尽可能清晰地回忆当时的情境，回味当时的感觉。

现在，我举一个关于减肥的例子。

笼统的描述：我的体重给了我很大的压力。

稍具体一些的描述：我的体重给了我很大压力，因为我刚刚看到一张自己的近照。

更具体一些的描述：我的体重给了我很大压力，因为我刚刚看到一张自己的近照，我看起来那么胖，这让我很难过。

你可以用各种不同的方法进行描述。有时候，把注意力集中在你的感受上会很有帮助。例如：

- 我感到很生气，因为照片里的我看起来很胖。
- 我有多生气？非常生气！
- 如果按 0 ～ 10 给生气程度打个分，我打几分？ 10 分！
- 我身体的哪个部分感觉到我在生气？我的胃，一想到这件事我的胃就不舒服。

现在，对你感受到的愤怒、愤怒程度以及身体的哪个部分感觉到了愤怒等情况做出更具体的描述。其他生理疼痛也可以用类似的方法描述，比如集中关注头部的哪个地方疼，什么时候开始疼等。不论问题是什么，你的描述都要尽可能具体。

当你不知道怎样描述压力王事件时

刚开始进行敲击治疗时，客户常常告诉我“不知道要说些什么”。为了帮助你跨过这道障碍，在本书的各个章节，我都会提供示例以供参考。我会列出我和客户都遇到过的常见问题，至于哪种描述适用于你当时的情形，完全取决于你。你和你的生活是独一无二的，所以不论何时你要进行敲击治疗，我都建议你结合自己的经历进行描述。

敲击时的描述语无关对错。你应该相信自己的直觉。相信你的直觉，并遵循上述步骤，相信你几乎是不可能出错的。

步骤 2　你的主观焦虑评分是多少？

现在，你已经知道自己的压力王事件，我希望你按 0 ~ 10 给它打个分，这个方法叫作主观焦虑评分（Subjective Units of Distress Scale，简称 SUDS）。

想一想你的压力王事件，留意它在你身体里引起了怎样的反应。它带给你的烦恼达到了什么程度？10 分代表你可以想象到的最烦恼的感觉，0 分代表你一点儿也不觉得烦恼。不要担心你给的评分不准确，听从直觉就行。

想象一下，当你看了自己发胖的照片，心里会有多生气。如果你真的很生气，你可以打 8 分或 9 分。但当你真的看到那张照片时，如果怒气减少了，那么你可以打 5 分或 6 分。为了看到比较显著的变化，你可以首先选择 5 分以上的压力王事件进行敲击治疗。

主观焦虑评分最适用于衡量情绪强度，而且我们使用这个评分方法有两个主要原因：首先，通过敲击释放压力后，我们会感觉非常放松，然后就可能忘记在敲击之前这个问题有多严重；其次，主观焦虑评分可以显示出敲击为我们减轻了多少压力。为压力王事件评分并非必须做的事情，但帮助很大。

步骤 3　拟定问题描述语

知道了主观焦虑评分后，下一步就是撰写问题描述语了。问题描述语会释放压力王事件的能量。问题描述语的基本框架是这样的：

> 尽管＿＿＿＿＿＿＿＿＿＿＿＿＿＿＿＿（把你的压力王事件填进去），但我依然爱自己、接纳自己。

你可能会这样说："尽管我看到照片里的自己很胖，我感到羞愧，但我依然爱自己、接纳自己"，或是"尽管我头痛欲裂，但我依然爱自己、接纳自己"，或是"尽管截止日期就要到了，我非常焦虑，但我依然爱自己、接纳自己"。

必须说"我爱自己、接纳自己"吗？

当我向新学员介绍问题描述语时，我看到她们有些坐立不安。对很多人来说，说出“我爱自己、接纳自己”会让她们不舒服，甚至觉得有一点“怪异”。

我理解她们的感受。曾经，我也认为说出这句话的人，不是自恋狂就是大话王。但是，我很快就感受到这句话拥有的不可思议的力量。

一直以来，我们受到的教育是：如果我们想获得什么，就为之奋斗。接纳自己可能会让人觉得是在向缺点屈服，不肯做出改变。实际上，正是因为我们无法接纳自己，才被困在原地。我们总在抗拒或忽略自己的消极感受，而没有意识到，正因如此，才让消极感受拥有了控制我们的力量。

当不接纳自己的感受时，我们反而会累积更多的情绪。你是否曾因为心烦意乱而心烦意乱？或者说过“我好气自己这么生气”，这种时候，你应该更加理性，而不是这么轻易就被激怒。

当我们不接纳自己的感受时，情绪就会无法释放。随着时间的推移，情绪会越积越多。而爱和接纳自己可以把我们从这个模式中解放出来，让我们自由选择更具建设性的理念。

我见证过接纳的强大影响力。这是实现真正转变的第一步。正如我的朋友克丽丝·卡尔所说：“当我们真正接纳自己时，身体才会放松下来，然后慢慢疗愈。”

还是对“我爱自己、接纳自己”这句话感到抗拒吗？我一直鼓励人们说这句话，不过我也经常用另一种表述，即“尽管我感觉那么 ______________（把你的压力王事件填进去），我也接纳自己的感觉，而且我很好”。

你也可以用情绪释放治疗专家帕特里夏·卡林顿博士的选择疗法（Choice Method），继续和你当下的感觉对抗，但请在句子末尾加上“但我选择 ______”。如果你感觉不知所措，你可以说：“尽管我感觉不知所措，但我选择冷静和自信。”

步骤 4　敲击手刀点

情绪释放疗法的第一步就是，边敲击手刀点（详细位置见图 2.1），边把问题描述语重复说 3 遍。由于同一条经络在身体两侧并行，你可以用任意一只手敲击身体任何一侧的部位。

步骤 5　逐个敲击身体部位

在敲击完手刀点之后，就要开始逐个敲击情绪释放疗法中的 8 个部位了（这 8 个部位的具体位置见图 2.1）。请注意，敲击部位的同时，口中要不断重复提示语。这些部位的位置分别在：

1. 眉毛内侧　2. 双眼外侧　3. 双眼下方
4. 鼻子下方　5. 下巴　6. 锁骨
7. 腋下　8. 头顶

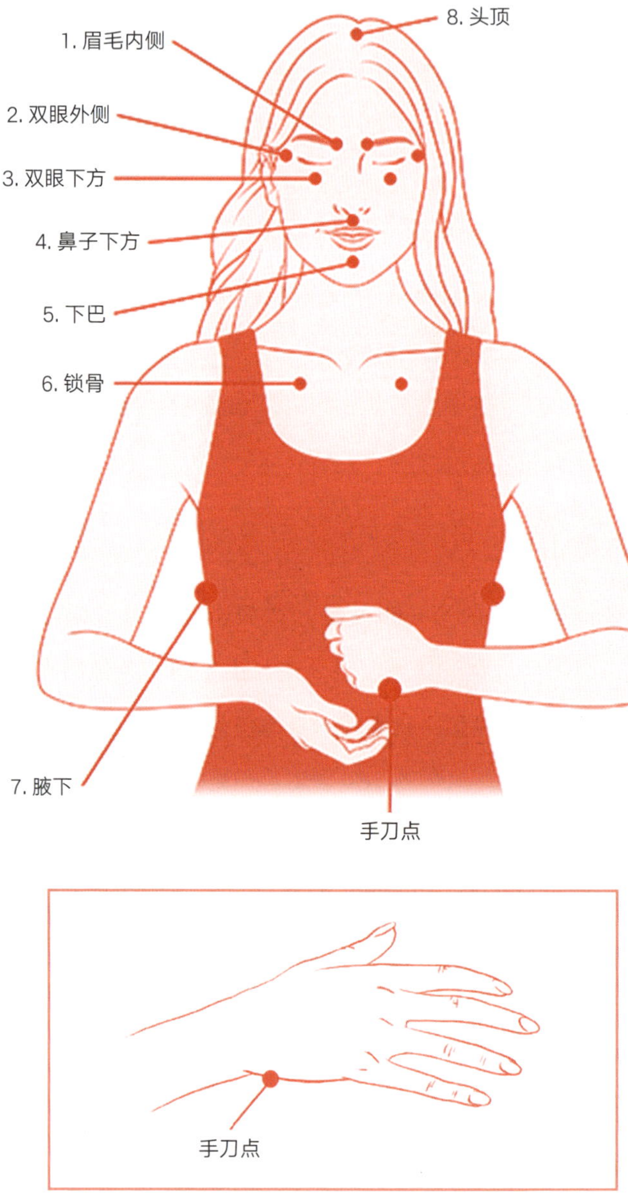

图 2.1　部位示例图（1）

手刀点

1. 眉毛内侧

2. 双眼外侧

3. 双眼下方

4. 鼻子下方

5. 下巴

6. 锁骨

7. 腋下

8. 头顶

图 2.2　部位示例图（2）

和手刀点一样，你可以敲击身体任何一侧的部位，也可以同时敲击两侧的部位。每个部位敲击 5 ~ 7 下，但是如果你想在某个部位敲 20 下或者 100 下，那就敲吧！在某个部位重复敲击是为了给你留出足够长的时间说提示语，并且让身体进入提示语指向的情境。

步骤 6　选择提示语

提示语要短，简单几个字就好，能让你想起压力王事件就行。在你按顺序敲击各个部位的过程中，每敲击一个部位，都要大声说出提示语。例如，如果你的压力王事件和你的愤怒有关，你可以一边按顺序敲击每个部位，一边说“生气……生气……生气……”。针对其他压力王事件，你的提示语可能是：

- 我感觉孤单……
- 我很郁闷……
- 我的后背痛……

在敲击每个部位时，你都要反复说出提示语，让精力集中在压力王事件上。提示语的作用就是帮助你把精力集中在引起你身体不适的那个想法上，防止你分心。它也像一个晴雨表，帮助你更真实地体验压力王事件带给你的真实感受。

适应敲击治疗后，你可以在转换部位的同时改变提示语。例如，你可以说“生气……气死我了……我的胃也感觉到了……我感觉太丢脸了……”，你会留意到，你说出的提示语会越来越清晰。

你可以从我在每章末尾提供的敲击冥想练习中，提取适合自己的提示语，然后根据自己的经验和情绪调整它们。刚开始时，可以简单一些，只需要在敲击每个部位时说出相同的提示语即可。

冥想录音，让敲击更有效

几年前，我在治疗一位失眠症患者时，曾经录下一段敲击的声音，目的在于帮助她入睡。事实证明，这段录音对她的帮助很大。于是，我制作了更多份录音，想和尽可能多的人分享它。

在那之后，我录下了许多不同种类的录音，我把它称为“敲击冥想”。人们发现这些录音可以有效地帮助她们适应敲击这件事，这真的很棒。但是，敲击的目标，也就是压力王事件，总是越具体越好，所以，尽管我的敲击冥想也是很有效的工具，我仍然鼓励人们针对自己的经验进行敲击，尽可能具体地描述自己的感受。

步骤 7　再次检测你情绪

现在你已经完成了第一轮的敲击治疗。做个深呼吸，仔细体会身体的感觉，留意发生的变化。问问自己：那件事情改变了吗？敲击时，我想起什么了吗？我现在的压力指数是几分？回想一下你的压力王事件，留意你现在的感觉。你可能会发现，之前翻腾的怒火已经平息了一些。接下来，你可以用相同的提示语多敲击几轮，把对这件事的怒火彻底平息下来。

例如，有时候你会发现，当你因为照片里的样子而愤怒时，敲击治疗会让你唤起另一种记忆，体会另一种感觉。这是个好现象。继续针对出现在你脑海里的记忆或感觉进行敲击。这个过程就像剥洋葱，能够一层一层地深入事件中心。随着时间的推移，你就可以和自己建立起全新的关系。我建议你一直敲击下去，直到压力王事件带给你的压力变小，你的感觉明显好转为止。这可能意味着主观焦虑评分下降 2 ～ 3 分，也可能意味着主观焦虑评分降为 0。

不论你的痛苦是生理上的、情感上的还是精神上的，你都需要敲击足够长的时间才能将其消除。坚持敲下去。敲击 5 轮、10 轮。在任何可能的时候敲击，并坚持下去，直到你获得想要的那种轻松畅快感。

你准备好试一试了吗？首先，边敲击手刀点，边重复问题描述语 3 遍。然后按顺序敲击身上的 8 个部位：眉毛内侧、双眼外侧、双眼下方、鼻子下方、下巴、锁骨、腋下和头顶。第一轮敲击时，你不必担心自己做得不够好，重要的是你开始敲击了！

别着急，先专注于敲击负面情绪

敲击主要是为了减轻某些想法引起的压力。把注意力集中在负面感觉上很重要，因为这样做才能改变你的感觉。这永远是第一个，也是最重要的步骤。随着一轮轮的敲击，当你感觉主观焦虑评分已经低于 5 分时，就可以开始加入自己的感受了。加入自己的感受这个步骤可以跳过，但我想说的是，它真的特别有效，但你必须在真正感觉到积极的情绪时，才能这样做。如果你发现自己还在抗拒积极情绪，那么请继续集中精力在你真实的感受上，继续敲击下去。记住，敲击会向大脑发送冷静信号，告诉它，现在很安全，可以放松下来。

画棵敲击树：向深处探索，找到体重增加的根源

看到自己的照片时，你可能会生气，这是关于敲击治疗的第一个例子。针对某一种情绪进行敲击，是清理你减肥障碍的方法之一。但是，就像我更早时候提过的，敲击治疗就像是剥洋葱，我们要把问题的表象一层层剥离。就像我们看到的那样，有时候，敲击治疗最开始的目标是不再生气，但随着敲击逐渐深入，你会在生气背后发现别的东西。

当一个问题存在多个层次时，你可能需要逐层敲击清理，最终才能完全解决这个问题。在逐层清理的过程中，最初的阶段或许有些单调乏味，但实际上，好戏在后头，情感和生理体验都拥有多个层次。记住：你不需要一次解决所有问题，不要对自己太严苛。

刚开始敲击时，要如何选择目标？本书中，我会列出 4 种最常用的敲击对象：症状 / 表现、情绪、事件以及束缚性信念。为了更清楚地区分这几种敲击对象，推荐你使用一种超级棒的示意图——敲击树。

敲击树是由我的朋友、情绪释放专家林赛·肯尼（Lindsay Kenny）提出的。它是一种完美的比喻，可以帮助你理解减肥拼图中所有碎片之间的关系。

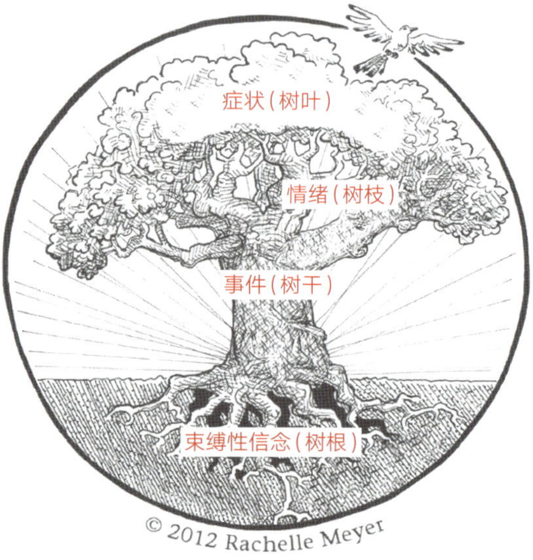

图 2.3　敲击树

树根代表我们的束缚性信念，指我们对自己和这个世界持的固有的看法；树干代表过去发生的事件。它们给我们带来创伤，如今仍影响着我们；树枝是事件引发的情绪，包括羞耻、沮丧和绝望；最后，树叶是显现出来的外在症状，会增加我们的压力。记住，我们并不是认为，所有事情都始于束缚性信念。你也可能是因为某件事，而形成了对自己、对世界的某种看法。

在本书接下来的部分，我们将针对敲击树的各个部分，逐个进行敲击。尽管我们倾向于关注减肥，但为了获得长期减肥的效果，我们需要解决一些潜在问题，这些问题决定着我们和自己、身体、体重以及食物之间的关系。

客户常常告诉我，她们只需要减肥。当我们一起进行敲击治疗时，她们会记起许多事件，比如童年小事、父母离婚或是其他一些印象深刻的体验。然后，她们意识到，正是那些事件带来的痛苦导致体重上升以及随之而来的挣扎。很多人都有某个坚定不移的观念，比如“我永远不够好”，“减肥一定是一件艰难的事”，但最终她们会意识到，这些信念一直在阻碍她们成功减肥。

有时候，你可以一次性解决敲击树的几个部分。例如，通过敲击某个“树根”处的束缚性信念，也可能同时清除一个“树叶”处的症状。当你针对压力进行敲击时，就会产生这样的效果。让我们更具体地介绍一下敲击树的各个组成部分。

症状（树叶）

通常情况下，体重很难减轻和保持。不愿意运动、食欲旺盛、常吃零食等，都是症状。症状可以分为两类：生理症状和行为。症状常常最令人烦恼且最容易辨认，因为它们真实存在。

看起来，这些症状都像是问题本身，但它们常常只是更深层问题的表现而已。理想状态下，随着时间的推移，你将找出那个更深层的问题，然后把它作为敲击对象。也就是说，针对一个明显的症状进行敲击是个很好的起点，这么做可以快速消除症状。

敲击可以有效削弱你对食物的渴望。如果你很想吃巧克力，你可以这样对自己说：“尽管我真的想吃那盒巧克力，但我还是全身心地爱我自己、接纳我自己。”你可以边敲击各个部位，边说出像“巧克力”“太想吃巧克力了”这样的提示语。很多人发现，只需要做症状敲击，食欲就会消失。我的一个学员和我分享了她的经历：

我超级喜欢扭扭糖！从还是一个小女孩时起，我就特别喜欢它。我的高中男友们常会用1磅装的扭扭糖诱惑我。

昨天下午，我儿子在沙发上睡觉的时候，旁边的桌子上放着一大袋上周派对留下来的混合糖果。我盯着糖果袋子，寻找我最喜欢的扭扭糖。然而，我一个也没找到！但是，我记得冰箱上面还有一袋。想到这，我已经开始流口水了。脑袋里全是撕开糖果包装袋，把糖一颗接一颗地放进嘴里的画面，还伴随着扭扭糖的奇妙味道。

我立马起身往厨房走去。但是，我刚走到冰箱前，却立刻转身回到了客厅，然后坐在沙发上开始敲击了！突然，我发现自己不想吃扭扭糖了。当时我几乎震惊了！前一刻我还到处找扭扭糖，但这一刻却对它们完全没兴趣了。这太惊人了！

但是，当症状敲击无法达到理想效果时，就意味着你需要继续深入敲击树，找到更深入的、能带来预期中的释放感的敲击目标。下一步要做的就是检查你的情绪状态。

情绪（树枝）

如果你因为想吃巧克力而开始敲击，但这并没有让你的渴望消除，你可以问自己："我很想吃巧克力时，心里是什么感觉？"例如，如果你因为丈夫的话而生气，你可以针对这种情绪进行敲击，直到它消失为止。有时候，你可能会意识到自己同时有几种不同的情绪。这是因为敲击目标有不同的层面，最开始的生气可能会演变为难过和沮丧，然后变成悲伤和孤独。如果你意识到自己正在体验很激烈的情绪，可以先忽略症状，先针对情绪进行敲击。

有时候，我们很容易陷入那些最熟悉的情绪里。例如，我们很多人都会针对生气或悲伤的情绪进行敲击，因为这些情绪很容易辨认。但是，感受、捕捉多种情绪有助于使敲击对象更加具体。以下是很多人都体验过的情绪。你可以用下面的情绪列表进一步了解你目前的情绪状况：

疏离	矛盾	愤怒	焦虑	辛酸	无聊	轻蔑	抑郁
绝望	恶心	悲伤	怀疑	恐惧	尴尬	嫉妒	害怕
沮丧	暴怒	难过	不满	内疚	憎恨	思乡	希望
敌对	耻辱	饥饿	抓狂	不安	厌恶	孤独	多疑
遗憾	大怒	后悔	悔恨	怨恨	羞愧	痛苦	担心

事件（树干）

另一种常见的敲击对象是过往的事件。过往事件分为两种：

一种已发生并且很快就过去的事件；另一种是对我们带来比较大的影响并且一直停留在记忆中的事件。两种事件的区别在于，我们是否曾经从情感上、能量上或生理上加工过这些事件。

举例来说，一个人可能在回想起被小学老师责骂的情况时说："是的，我记得她点名批评我时，我有多尴尬，但我现在已经不会感到困扰了。"这就属于记忆还在，但曾经的情绪已经消失了的状况。另一个人回想起被小学老师批评的情况时，感受可能完全不同。她的身体还能感觉到情绪，当她回忆起那一刻时，强烈的尴尬、生气和受伤的情绪立即涌上心头。这段回忆就是还没有被加工过的。如果用敲击面对过往的事件，将帮助她平复伤痛，继续前进。

束缚性信念（树根）

束缚性信念是我们根据过往的事件或经验，对自己和世界做出的具有误导性的结论。例如，有些人可能对减肥和保持体形的能力拥有束缚性信念，因为她的体重已经忽高忽低了许多年。于是，她会预测这个模式将不断重复下去，而这样的信念就束缚了她，让她不再相信各种可能性。

我们很难辨别自己的束缚性信念，因为在我们看来，这些信念就是真理。例如，你可能会认为，自己永远也不可能减掉怀孕时增加的体重，因为你的母亲和姐姐都没有减掉。于是，你可能会在孩子出生之后停止锻炼，因为你会想，既然减不掉，那运动又有什么意义？

我们大部分人从童年起就会无意识地收集各种束缚性信念。随着不断长大，束缚性信念会像滚雪球一样越滚越大。家长、老师和同龄人常会在我们还小的时候，就把这些束缚性信念传递给我们。从那时起，他们就对如何看待自己、看待他人形成了固有模式。

“我永远也减不了肥”的信念，会影响我们吃什么、如何吃、是否运动，以及在亲密关系和事业中投入多少努力。它会改变我们的行为方式。针对童年或过往的事件进行敲击，常常可以清除束缚性信念，但如果你已经意识到某一条束缚性信念的存在，你也可以直接针对它进行敲击。

画一棵属于你自己的敲击树

敲击树是一种生动的工具。通过这个工具，你可以厘清生活中发生的所有事件，然后按部就班地解决眼前的诸多问题。通过敲击树，我们也更容易看清症状、情绪、事件、束缚性信念四者之间的关系：它们分别是树叶、树枝、树干和树根。了解这些元素之间的联系，对于获得最好的敲击效果来说很重要。**敲击部位时，针对的问题要尽可能具体化，那样你才能把精力真正集中在当时发生的事件上。**而具体化的最好办法就是更深入地思考，在后文中我也会不断提醒你这一点。

在遵循书里的步骤进行敲击治疗时，随着压力王事件的不断增加，你可能希望创造一棵属于自己的敲击树。

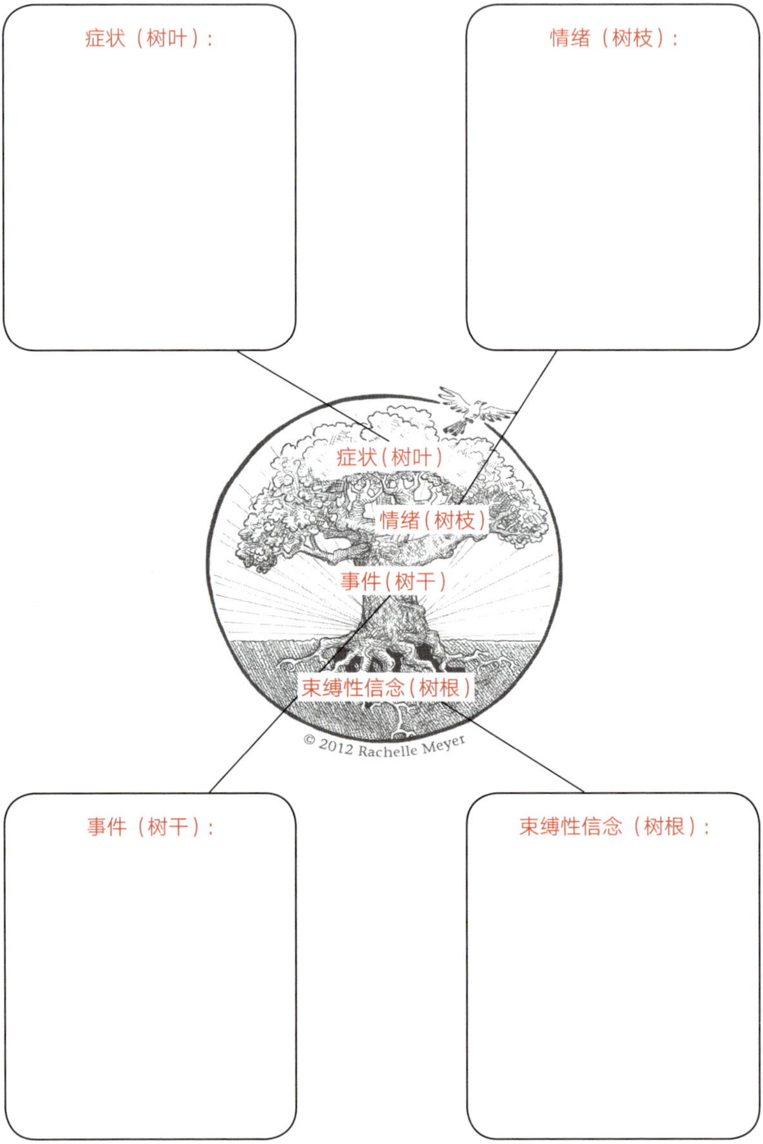

图 2.4　创建你自己的疗愈敲击树

会不会太过于专注消极念头了？

客户有时候会提到，她们担心情绪释放疗法会过于关注消极的念头和情绪，比如害怕、担心、自责和羞耻。我理解她们的担心。实际上，我们所有人都体验过消极情绪。如果我们试图忽略消极情绪，或是因为这些情绪而批评自己，就等于让这些情绪在潜意识里控制我们。

例如，如果我们很生气，就没办法忽略生气的感觉，然后自行决定不要生气。想要解决这个问题，就要想办法释放怒气，然后才能放松和冷静下来。

敲击能够在很短的时间内，有效地消除负面想法和情感。这样，我们就能再次放松下来。减少负面情绪的最好方法就是针对消极面进行敲击，比如体重带来的压力，你对老板、财务状况、人际关系等方面的担忧和失望等。随着你不断敲击和清除那些消极思想和情感，你将能够用积极的表述方式进行敲击，这将进一步降低你的压力水平，提高你减肥的效果。

开启减肥旅程的最佳方法：立刻花 15 分钟敲击

客户常常告诉我，随着每天进行敲击，她们逐渐感到开始享受这个过程。尽管刚开始学习敲击时，她们会感觉有点奇怪，但随后就发现，这让她们更加放松、心情更加愉快。

顺利开启减肥旅程的最佳方法就是立刻花15分钟，针对任何带给你压力或焦虑的事物进行敲击，先不去管它是否和你的体重有关。想象在不久的将来，你早上醒来时发现，身体状态棒极了！那会是怎样一番情景？

你花在敲击上的每一分钟都是有价值的。所以，现在就花些时间学习敲击的方法，然后坚持练习，并感受敲击带来的变化吧。

相信我，如果我可以通过敲击减掉体重，我的客户也可以，那你也一定可以！

THE TAPPING SOLUTION
FOR WEIGHT LOSS &
BODY CONFIDENCE

第 3 章

终结“我不够好”的恐慌模式

我们常因为迫切地想要瘦下来而感到恐慌，这种恐慌有多种表现方式，也是由多种环境因素触发的。恐慌时，我们如无头苍蝇，着急地迎战或者投降，最终遍体鳞伤。静下来敲击 5 分钟吧，你会发现，渡口就在身边，幸福就在眼前。

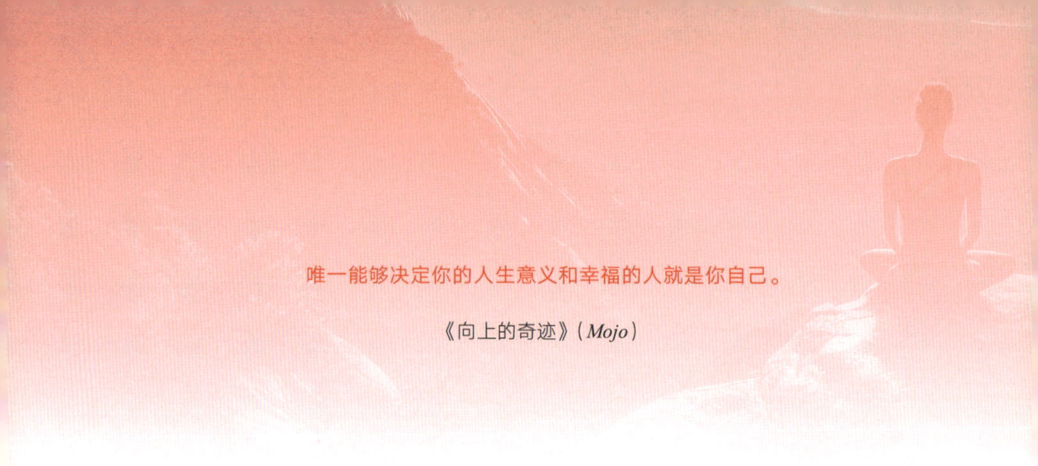

唯一能够决定你的人生意义和幸福的人就是你自己。

《向上的奇迹》(*Mojo*)

现在，我们已经了解了压力对减肥和形体自信的消极影响，以及情绪释放疗法如何帮助我们减小压力对体重和身体的破坏。我们需要进一步解决女性朋友们在这段旅程中最常遇到的另一个障碍：恐慌。

我们常因为迫切希望减肥而感到恐慌，这种恐慌有多种表现方式，也是由多种环境因素触发的。

“我希望在接下来的 3 周内减掉 20 ~ 35 千克。”安娜丽莎在描述问题时写道。几周之后，安娜丽莎将要和一个她变胖后再也没见过的朋友见面。她很确定，在这位朋友眼里，她将是一团“肥肉”，而且安娜丽莎已经在脑海里想象这样的画面了：这位朋友打电话给她俩共同的朋友，告诉她们她现在变得有多胖。安娜丽莎非常害怕和焦虑，一心想要避开朋友们的无声嘲笑。

安娜丽莎陷入恐慌了。从 14 岁起，每当面对当时的“大魔王”镜子时，我也会陷入恐慌，因为它把我的身体缺陷真实地反映出来了。20 岁出头时，哪怕只是不经意地看到镜子里的自己，就足以让我变成残暴的军训教官。我会死命地拧遍全身，以证明自己的观点：我不够好。

这种一瞬间袭上心头的恐慌感，像给我打了一剂肾上腺素，让我一下子按最新的减肥食谱吃饭，或是去健身房尝试新课程。几乎每次，我都能因此成功减掉几千克，但很快又全部反弹。这种循环永远停不下来，每次兜兜转转之后，我都会回到那个令人难受的但非常熟悉的老朋友——恐慌身边。

我激励自己继续当军训教官，继续严厉地批评自己，直到终于忍不住开始绝望地哭泣。我的身材一直都不算苗条，这意味着，我一直都不够好。我感觉自己像是一个人人都可以看到、都可以评判的失败者。

几年之后，我终于明白，在我和体重这对痛苦的关系中，恐慌到底扮演了什么角色。每当我因为看到镜中的自己而悲观失望时，恐慌似乎是唯一能够让我振作起来解决眼前问题的力量。每次，恐慌都强迫我采取行动，而最终，我总会被打回原形。

其实，从某种程度上来说，我知道自己在不断重复老旧而转瞬即逝的减肥模式，但我依然坚定地告诉自己，如果我足够努力，管好自己的嘴，就能获得一辈子都不走样的苗条身材。难道不是吗？我没办法让脑袋里这个总是对我恶言相向的声音安静下来。

像诸多努力减肥的女性一样，安娜丽莎和我都陷入了“恐慌模式”。不论这种情况多么普遍，为了获得长久的形体自信和减肥效果，我们必须打破这种模式。但是，我们首先需要进一步了解“恐慌模式”是什么，以及为什么会出现这种模式。

恐慌的两种模式：战斗或承认失败

当我的客户和我开始第一阶段的治疗时，表面上看，她们似乎拥有各不相同的经历。有些人因为需要别人辅助她减肥而羞愧，有些人害怕会再次失望，还有些人似乎准备好接受某种轻微的折磨，准备好而且愿意做“任何需要做的事”。

在这些表象之下，她们的感受非常类似。她们都陷入了恐慌模式，坚信自己需要立刻、马上减掉体重。

我们对恐慌的反应通常有两种：战斗或承认失败。尽管这两种策略看起来南辕北辙，但它们确实都出自恐慌。有些人会出现其中一种反应，有些人则会随着时间的推移，在两种反应之间摇摆不定。

战斗模式：“要么瘦，要么死！”

减肥引起的恐慌，会因为某一段记忆或某一个事件而开启战斗模式，比如 3 周之后要见老朋友等。战斗模式开启后，我们会产生一种强烈的渴望：不惜任何代价也要减肥。在战斗模式下，我们确信体重是衡量个人价值的唯一标准。我们是谁，我们需要做什么，或是我们已经取得了哪些成就，都不及体重下降有价值。

安娜丽莎的情况就是如此。满心耻辱、恐惧和焦虑的安娜丽莎，无法想象和朋友愉快相聚是什么情形，她只觉得自己受到了威胁。她脑海里的那个故事似乎是她唯一的结局。每当安娜丽莎想到要和朋友见面，她就在心理上和情绪上做防御准备，因为背后中伤、言语伤害似乎是避免不了的了。

开启战斗模式后，我们会告诉自己，不论恐慌有多让人难受，我们都需要恐慌，因为这是最后的希望。如果停止恐慌，就相当于放弃减肥。我们相信，需要对自己严厉一些，因为如果松懈下来，体重很快就会回来。恐慌让我们相信，我们还有希望减掉一些体重。

失败模式：“我放弃了！”

相比战斗模式，失败模式看起来很冷静，因此也十分具有迷惑性。约妮在谈到自己的体重时说：“这是我失败的‘勋章’。最糟糕的是，每个人每天都可以看到这枚勋章。”

“如果你把体重看成失败的‘勋章’，你还有多少动力好好照顾身体呢？”我问道。

“一点儿也没有。”她回答道。

“这不怪你，”我对约妮说，“如果是我，我也不会好好照顾它。谁会想花时间照顾他们讨厌的东西呢？”

乍一看，失败模式好像和战斗模式相反。我们似乎放弃了，完全不关心体重了。垃圾食品、暴饮暴食、停止运动，我们伤害自己和身体的所有方式都变得合情合理。我们的体重不断增加，怎么减也减不掉。我们对失败的减肥非常失望。我们曾经花费了那么多精力和体重战斗，真是受够了。最终，我们挥动白旗，承认自己失败了。我们告诉自己，这是聪明人的做法。对其他人奏效的减肥项目和食谱对我们一点儿也不管用。我们的命运就是做一个胖子，所以，为什么还要和我们显然无法掌控的事情抗争呢？

但是，越过表象，我们其实一直都没有接受自己的体重。我们做不到。我们常常想起自己的体重，但已无法面对隐藏在体重背后的失望和伤痛。伤痛太强烈、太深刻，它会击垮我们。于是，我们戴上失败的面具，掩盖身体里满满的羞耻感和自责。

实际上，失败模式下的恐慌感和战斗模式下的恐慌感并无二致。而且，在失败模式下，我们感受到的绝望和焦虑可能更加强烈。

肯定自己的价值，你值得拥有快乐、爱和成功

当对体重感到恐慌时，不论选择战斗模式还是失败模式，我们都会确信，瘦下来就会解决所有的问题。在恐慌模式下，即使表面上看好像放弃减肥了，但实际上，我们内心仍然认为，没有什么东西跟减肥一样重要。我们告诉自己，只要减肥成功，所有的一切都会改变，我们的生活和人生就会焕然一新。

于是，恐慌的力量开始压倒我们自身的力量。

我们开始相信大众传媒和大众文化散播的观念：苗条的身材等同于快乐无忧。我们会告诉自己，如果能减肥成功，我们的人际关系将会改善，事业将会腾飞，房间会变得整洁干净，生活会越来越好。但如果我们还是现在的身材，生活变好的可能性就几乎为零。

对于没有遭遇过这种体重恐慌的人来说，上述经历看上去可能显得有些疯狂。从很多角度来看，它确实疯狂。但是，对于恐慌的我们来说，没有什么比这更加合理了。当时的我们处于一种危险的、对减肥着迷的状态。我们会去书店买最新的减肥书，尝试最新的运动方法，或者进入另一种恶性循环：拆开一盒点心大吃特吃，因为我们成功减肥的希望已经破灭了。

当然，从某种程度上来说，我们知道恐慌并不能实现长久的减肥目标，但还是会一次又一次地陷入这个模式。为什么会这样？真正令我们恐慌的是什么？

因为我们想逃避和否定某些不想讨论的东西，即承认一直以来的斗争对象并不是体重。当因为减肥而恐慌时，我们真正想要的其实是做自己。我们希望能肯定现在的自我，认为现在的自己也很棒。我们恐慌是因为，恐慌可以掩盖一个痛苦的事实：我们实际上也不认为自己足够好，我们其实是在享受否定自己的感觉。

当然，体重并不是我们的全部价值，但它是一个精神支柱。

我们告诉自己，一旦通过减肥“改造”了自己，我们最终将值得拥有快乐、爱、成功，以及所有目前得不到的美好事物。

我们一次又一次地被一种观念迷惑，那就是：在某一天，我们的恐慌可能会带来苗条的身材，以及由此而来的快乐。但实际上，如果我们承认自己的价值，不论体重是多少，我们都能拥有快乐。

放下自我批评：“打碎”镜子和体重秤

跟我的很多客户一样，你可能会害怕停止恐慌，因为你把“不恐慌”和“接受自己永远无法减肥成功”画上了等号。但是，你也知道，恐慌并不是正确的问题解决方法。如果恐慌有用，你早已减掉了身上的赘肉。如果恐慌有用，你就不会翻开这本书了。

是时候彻底终结恐慌模式了。是时候承认减肥和体重无关了。事实是，除非你释放压力，清理残留情绪和消极信念，否则，苗条的身材永远可望而不可即。下面这句话将反复出现，但这是事实：长期保持苗条身材和形体自信是一项内在工作。

我首先让安娜丽莎针对朋友到访引起的恐慌进行敲击。平静下来之后，她突然泪流不止。她发现自己低估了朋友以及她们之间的友情。安娜丽莎一直很会挑朋友，这位朋友永远也不会恶语评判她的体重。实际上，安娜丽莎意识到，自己正在把对待自己的残忍方式用到朋友身上。

最终，安娜丽莎和朋友见面时，已经可以坦然地面对她，并和她坦率地交流。两人聊天时，安娜丽莎快乐地放声大笑。她们度过了非常美好的时光。之前，安娜丽莎在去见朋友时，总会带着防御情绪，身体也会不舒服。现在，她实现了很大的转变。这次朋友聚会让安娜丽莎清晰地看到了一个事实，那就是她的体重不一定会打扰她的聚会。她的朋友想见的是安娜丽莎，而不是体重有多少千克的安娜丽莎。

现在你可以思考一下：曾经有多少次，你因为内心的恐惧和担心身体被批评，而剥夺了自己获得非凡体验的机会？

安娜丽莎只是陷入恐慌模式的千万人之一。恐慌模式让我们盲目地恶意揣测别人，并忽视那些阻碍我们获得持久减肥成果的潜在因素。现在，是时候终结恐慌模式了。但是，在进行敲击治疗、安抚恐慌情绪之前，我们需要探讨一下触发减肥恐慌的两种最常见的物品：镜子和体重秤。

恐慌触发物之一：镜子

每年的 7 月 4 日，辛迪和她丈夫都会举办派对。今年的派对即将开始，在客人到来的几分钟前，辛迪进了衣帽间。她在挑选衣服时，想起丈夫的家人也会像往年一样参加今天的派对。在辛迪和丈夫结婚后的 10 年里，她的身材时而臃肿、时而纤瘦，反复了好几次。每年举办派对时，辛迪都觉得难堪，因为夫家的人会在这时候“检验”自己一年来的减肥成果。

事实上，去年的派对开始之前，辛迪把自己锁在房间，冲了个澡，然后试穿了几十套衣服，最后无助地在衣帽间的地板上哭了起来。辛迪满脑子想的都是大家评判她很胖的画面。辛迪恐慌而沮丧，不确定自己能否坦然地面对家人和朋友。

但是今年，辛迪做好了准备。为了今年的派对，她提前买了一条美丽的新裙子。辛迪迅速换上裙子，欣赏着镜中的自己。辛迪边审视身体的各个角度，边告诉自己：“你看起来很胖，每个人都会留意到这点，然后谈论你有多胖。”

由于辛迪从今年开始参加我的课程，因此这次的情况会和以往有些不同。

当辛迪对着镜子自言自语时，突然停顿了下来，留意到了自己的负面想法。利用派对开始前的这几分钟，辛迪进行了一些敲击治疗。辛迪一边进行敲击，一边看着镜子里的自己，然后做了一件罕见的事情。辛迪对着镜子里的自己大声说：“你看起来真美。”

随着辛迪的嘴角扬起，心情也放松下来。然后她打开房门，朝派对走去。那一天，多年来的第一次，辛迪没有纠结自己看起来胖不胖，也没有被食物迷住。那一天，辛迪都在享受内心的平静。人们不断地赞美辛迪，说她看起来美极了。令辛迪最惊讶的是，她也感觉自己很美。

辛迪的故事极大地鼓舞了我。仅仅因为关注到自己的负面想法和进行自我对话，她就开启了新的一天，并成功将负面想法扭转为“你看起来很美”这样的积极暗示。那一天，辛迪没有把所有精力放在关注自己的外形上，而是释放自己的魅力，让每个人都感受到了！

辛迪也告诉我，她很惊讶自己可以感觉那么棒、那么快乐，完全不像往年那样压力重重。“我该不该吃这个”的恐慌感消失了，辛迪开始享受更健康的食物了。

我的许多客户在面对镜子进行敲击时，也发现自己的情绪状态和自我认知发生了巨大转变。通常来说，一开始时，面对镜子进行敲击会让你有些惊慌。因为镜子成了你的敌人，暴露了你最羞于展现在他人面前的缺点。面对镜子，你会审视自己的全身，从头到脚、从前到后、从左到右；你疯狂但有条不紊、毫无遗漏地指出了身上的每一块赘肉；你对自己毫不留情；你所想所说的，都是些刻薄无比、永远不该说出口的话。

我的一些客户，早上一醒来就会冲到镜子前，上下打量自己，然后判断自己能不能度过愉快的一天；还有一些客户会在昏暗的地方洗澡，避免看到镜子里的自己，因为她们知道那会让心情立马变糟糕。我们之所以会赋予镜子这薄薄的一片玻璃决定我们幸福的权利，不是因为我们毫无价值，而是因为我们从没有投入时间和精力与自己和身体搞好关系。实际上，我们在镜子里看到的是我们与自己的关系，那种被忽视多年的非常重要的关系。

让我们进一步看看你是怎么对待镜子里的那个女人的。在仔细“审查”镜中人时，你可能说过很多伤人的话。在生活中，如果真的有人对你说这些话，相信你一定会气炸。你当然知道如果经常被这样审查，任何人都无法健康成长，但你仍然在无休止地这样对自己。修复我们和自己之间关系的第一步就是觉察。你和镜子的关系如何？现在，花一点时间问自己下面这些问题：

- 我和镜子的关系如何？
- 我会逃避镜子吗？
- 我会站在镜子前面很久，批评自己吗？

当你面对镜中的自己时，留意自己都说了什么，然后记录下来。不论你在纸上写下了什么，当你重新走到镜子前时，你将找到一直以来寻找的东西。如果你在寻找缺点，那你就会找到缺点；如果你在寻找你所欣赏的东西，那你就会找到你所欣赏的东西。

你可能认为需要自我批评，而且严格要求自己可以避免受到他人的评判或者被他们的评判伤害。实际上，正如辛迪的例子，当你欣赏自己和自己的美时，周围的人也将感受到你的魅力。

看着镜中的自己时，留意内心是否出现批评的声音或情绪。如果出现了某种情绪，用 0 ~ 10 给它打个分，记录下来。其中的关键是，请一边敲击，一边把那种情绪或自我批评说出来。

你可以按照下面的敲击剧本进行敲击。做几轮敲击和检查，看看你的感觉如何。你可能会发现，刚开始敲击时，那种情绪变得更强烈了。这可能是因为，这是你第一次把内心独白说出口。这是你击中了要害的标志，请继续敲击下去！

手 刀 点：尽管我严厉地批评镜中的自己，心里也很恐慌，
但我依然爱自己，接纳自己。（重复 3 遍）

眉毛内侧：我讨厌眼前的一切……

双眼外侧：现在，我正站在我最严厉的批评者面前。

双眼下方：面对这个样子，我高兴不起来。

鼻子下方：我怎么会让自己变成这个样子？

下　　巴：我在镜子面前感受到的所有情绪……

锁　　骨：我允许自己把它们说出来。

腋　　下：这种恐慌的感觉……

头　　顶：拒绝镜子里的那个人。

演练敲击剧本的关键在于，你要一边敲击，一边说出你想对镜中的自己说的话。当你感觉自己可以顺畅地说出这些话，同时不认为它们是客观的，那就可以转变为积极的描述。积极的描述与消极的描述一同构成了整组敲击，所以，在后半部分中，你不需要再进行一次手刀点敲击和问题描述。

眉毛内侧：一直以来，我对你都太过严厉。

双眼外侧：你值得被好好对待。

双眼下方：你不需要做其他更多的事情，你就是值得被爱。

鼻子下方：现在，我是爱你的。

下　　巴：我选择欣赏你做的所有事情。

锁　　骨：我选择友善地对你说话。

腋　　下：我爱你，我的身体。

头　　顶：我保证会把你值得拥有的所有爱都说给你听。

做一个深呼吸，并检查你现在的感觉。再次评估你的情绪强度，然后继续敲击，直到你感觉压力减轻。

为什么要先消极敲击，后积极敲击？

尽管我们可能很想对自己更宽容，却常常做不到，因为消极的想法是那么真实。当身体感到恐慌时，我们很难改变自己的想法。但当针对自己的第一感觉进行敲击时，即使那些消极的想法出现了，我们也可以平静地对待。当感觉更放松时，我们就可以继续针对更积极的观念进行敲击。

恐慌触发物之二：体重秤

在网络减肥课程的第一阶段，我会告诉学员，如果愿意，他们可以在课程刚开始时称一次体重，然后就把体重秤收起来。

有些女性有一大早称体重的习惯，这样，接下来的一整天她们都会对那个数字念念不忘。她们会像对牧师忏悔那样，跟你报告她们的体重以及期待落空后的羞愧感。

授课期间，当学员听从我的建议，把体重秤收起了后，她们开始一遍又一遍地向我讲述衣服如何越来越宽松，身体如何越来越轻盈。正当我要恭喜她们时，她们却告诉我，早上她们踏上体重秤时，自己有多么沮丧，因为体重秤上的数字不是她们以为的样子。她们可能重了一千克，或者保持不变，或是仅仅只减掉了一点点。总之，她们对那些数字很失望。但是，为什么我们会对体重秤上瘾呢？

为了解释体重秤是如何成为如此重要的身体测量工具，我们需要先了解一下体重秤的有趣历史。美国的第一台体重秤出现于1885 年，是德国产的。20 世纪 20 年代和 30 年代，体重秤逐渐进入大众视野。当时的体重秤，每台大约 90 千克重，散布于街角、百货商店和公共卫生间。体重秤很快成为非常赚钱的工具，顾客花 1 美分就可以称一次。称体重这项产业每年可以创造数百万美元的收益，甚至在“大萧条”期间也兴盛不衰。

在那之后，我们和体重秤之间的关系就发生了非常剧烈的变化。你可以想象自己在大庭广众之下踏上一个体重秤——身边围着几十个陌生人。对于大部分人来说，这是现实中的一场噩梦。直到 20 世纪 40 年代，称体重才变成私密的事情。随着制造技术的不断发展，小巧的家用体重秤出现了。

从那时起，大众文化就开始缓慢但持续地给我们“洗脑”，让我们相信苗条意味着美丽、快乐、有价值、自信、有才华、讨人喜欢和成功。我们在体重秤上看到的那个数字，从有趣的一探究竟转变成判断女性价值的标准。我们知道，在更深的层面上，女性的价值超越我们的体重，但是相比自己的身体感受，我们仍然会认为体重秤上的数字更加重要。怎样才能打破这种模式？

首先，探讨一下我们对体重的一个最大误解，那就是，你的体重不应该上下波动。从生物学的角度讲，这个观点完全不正确，特别对于女性来说。你的体重会随着荷尔蒙的不断波动而波动，这不仅只发生在生理周期；当压力水平上升时，体重也会增加。这种波动是自然的、健康的，不需要进行“改造”。

把生活方式和压力考虑进去，相信你更能理解为什么你每天、每周的体重都会不一样。下面这些因素都可能导致你的体重每小时、每天以及每周出现波动：

饮食的变化　易过敏食物　饮水量　节食　月经周期　便秘
营养补充剂　睡前吃东西　运动　旅行　睡眠　压力　药物
每天最后一次进食的时间　每天最后一次喝水或饮料的时间

有趣的是，正常的、健康的体重波动不一定符合你的预期。例如，正如我们看到的那样，当你的压力水平上升时，皮质醇水平也会上升，而皮质醇水平过高会导致身体主动储存水分。而节食会让你的身体承受压力，所以当你刚开始节食时，皮质醇水平会上升，这可能导致你的身体储存过量的水分。所以，刚开始节食的那几天或几周，你的体重可能反而会增加。

相同的原理也适用于饮食方式的改变。刚刚开始吃更多蔬菜和水果时，身体会留意到这种变化，然后会自动储存水分。这是身体在适应你的饮食习惯的积极变化，同时为减肥做准备。

了解影响体重的因素后，我们就可以更全面地讨论为什么体重秤如此具有误导性和自我破坏性。从很多角度看，体重秤上的那个数字都没有意义。为了戒掉称重上瘾，首先需要理解，为什么我们不能信任自己的身体，以及为什么我的客户会一边说“感觉身体越来越轻盈”，一边又一次次踏上体重秤。

重新学习信任你的身体

忽高忽低的体重，让我们很多人无法信任自己的身体。多年来，我们一直压抑对美食和快乐体验的自然冲动，而如果我们屈服于这些积极、健康的冲动，内疚感和羞愧感就会接踵而至。随着时间的推移，身体就会变成我们的敌人，它们“故意”策划着让体重上升，而不帮助我们获得更多爱、尊重和关心。鉴于我们如此不信任自己的身体，那么称重上瘾就完全合情合理了。毕竟，我们和身体作对了那么久，又怎么会信任它们的感觉呢？

像镜子一样，体重秤很快变成了某种权威。体重秤上的数字会决定着我们是否可以度过愉快的一天，是否可以快乐、认为自己美丽和有价值。

问题是，不信任自己的身体并因为一个“糟糕”的数字惩罚自己，到头来会让减肥变得更难。因为你不信任自己的身体，所以如果你不踏上体重秤，或是当体重秤上出现了你不想要的数字时，你会压力重重。

我的学员罗宾，在参加网络课程几周之后，对体重秤在减肥之旅中的效用有了不一样的认识：

从参加课程的第一周开始，我一直在想你提出的“藏起你的体重秤”的建议。我立马就爱上了这个点子，因为我知道如果我正在付出努力，但没有收到效果，就会对很多自认为需要解决的体重和身体问题产生不必要的情绪。

今天早上，我意识到不称体重可以让自己对体重更加负责。不称体重，我就需要“亲自”为自己提供支持。我需要对自己承诺，并对体重负责。不得不说，这让我充满力量。我喜欢这种可以做些不同的事情的感觉！至少这一次，我没有把体重当成惩罚的工具，而是释放自己，真正为自己做一些很棒的事。

体重秤显示准确体重。这不是批评，也不能预测明天、下周或下个月你的体重是多少。为了牢记这一点，现在针对你和体重秤之间的关系，以及重新学习如何信任自己的身体，做一些敲击治疗吧。

手 刀 点：尽管我让体重秤衡量了我的个人价值，但我依然爱自己，接纳自己，取回属于自己的力量。（重复 3 遍）

眉毛内侧：我忍不住要去看那个数字。

双眼外侧：这个数字告诉我应该产生什么样的感觉。

双眼下方：这个数字告诉我，我是好还是坏。

鼻子下方：我已经不相信自己。

下　　巴：所以我相信这个体重秤……

锁　　骨：它会告诉我，我做得怎么样。

腋　　下：我得看体重秤。

头　　顶：只有这样做我才会感觉自己“很棒”。

继续敲击，甚至夸大你对体重秤的信念，直到你感觉这并不真实。然后用积极的信念进行敲击。

眉毛内侧：我选择取回我的力量。

双眼外侧：我不再每天用体重秤衡量自己……

双眼下方：我选择直接体会自己的感觉。

鼻子下方：我知道身体的感觉。

下　　巴：而且我知道我的身体真正需要什么。

锁　　骨：体重秤上的数字并不能带来冷静和自信。

腋　　下：我现在的状态就是冷静而自信。

头　　顶：我选择体会自己的感觉而不是用体重秤衡量自己。

做一个深呼吸，看看现在你感觉如何。再感受一下你的情绪强度，然后继续敲击，直到感觉压力得到缓解为止。

耐心走过减肥之旅，拥抱当下的所有可能

陷入恐慌模式标志着，我们此刻就需要想办法爱和接纳自己。因为这样，我们才能感受到更多快乐，并更有耐心寻找健康、可持续的减肥方式。爱上这段减肥之旅后，我们就可以更轻松地向梦想迈进，并为自己取得的每一点进步欢呼雀跃。幸运的是，当你感觉很愉快时，时间总是过得特别快。

盖尔在踏上减肥和形体自信之旅后不久，就清晰地感受到耐心的真正力量。盖尔已经梦想穿裙子很多年，她告诉自己，只有能穿小一码的衣服时，她才会穿裙子。盖尔会吃许多让身体感觉不舒服的食物，无意之中，她剥夺了自己收获简单但重要的快乐的机会，那就是穿上漂亮的衣服，让自己感觉美美的。在参加了几周我的课程后，盖尔分享了一些激动人心的消息。她买了几条新裙子，并经常穿着它们出门。这些裙子让她感觉自己很有女人味、自信和美丽，这是这些年来第一次，盖尔不讨厌镜子里的自己。自从盖尔开始审视自己减肥中的潜在问题，并运用敲击疗法清除抗拒悦己的想法后，她感觉面对食物时，自己更强大了。不再极度渴望食

物之后，盖尔开始选择健康、有营养的饮食，而且吃得更少，也更少想到食物。课程才刚开始，盖尔就取得了惊人的效果。我知道，发生这些转变后，她的体重很快就会有明显的下降。

盖尔是再次证实我的亲身经验的千万名学员之一。对于我们来说，减肥变成一种愉快的体验，在减掉想减掉的体重同时得到了更多。我们中有太多人像盖尔一样，把减肥当成自己最大的梦想。我们告诉自己，除非减肥成功，否则不能和别人相爱，或是拥有一份新事业。除非减肥成功，否则我们无法欣赏自己、享受生活，或是穿上让我们感觉很美的衣服。因为体重，我们让自己的生活停摆，就这么看着岁月从身边流逝。

当我们可以安抚恐慌，并耐心地走过减肥之旅时，就相当于拥抱了当下的所有可能。我们开始发现，原来生活充满惊喜、鼓舞人心而赏心悦目。更重要的是，不是说减肥成功之后才拥有这样的生活，而是现在，马上！当可以享受这场冒险时，我们就能以想象不到的速度抵达目的地，且玩得很开心。这就是耐心的力量，这就是我想要你获得的东西。现在就开始吧，然后耐心地走完自己的旅程。

一旦你可以安抚恐慌，就相当于准备好开始下个阶段的旅程了。从第 4 章开始，我们将进入本书的第二部分，这一部分将帮助你了解自己，并像剥洋葱那样，解决那些长期阻碍你成功减肥或保持形体自信的东西。现在，让我们先做一些敲击治疗，释放你的耐心能量，为你的减肥和形体自信之旅提供助力。

感受耐心的力量

手 刀 点：尽管我无法在成功减肥之前放松下来，但我依然爱我自己，接纳我自己。(重复3遍)

眉毛内侧：我感到恐慌……

双眼外侧：我感觉需要惩罚自己……

双眼下方：体重很重要……

鼻子下方：身体中的压力……

下　　巴：是我自己给自己施加的压力……

锁　　骨：我感觉需要批评自己……

腋　　下：责备自己。

头　　顶：我接受不了镜子里的自己。

眉毛内侧：这些压力……

双眼外侧：让我很难思考别的事情。

双眼下方：我的生活似乎停摆了。

鼻子下方：除非减肥成功，否则我不可能快乐起来。

下　　巴：除非减肥成功，否则我不可能自信起来。

锁　　骨：除非减肥成功，否则我不能享受当下。

腋　　下：怪不得我对体重感到恐慌……

头　　顶：我让体重阻止我享受生活。

眉毛内侧：我感觉我需要批评自己……

双眼外侧：所以最终我改变了。

双眼下方：但是，这方法一直不奏效……

鼻子下方：我永远不会那样对我爱的人说话。

下　　巴：所有这些批评和身体的羞耻感……

锁　　骨：它们困住了我。

腋　　下：这些情绪让我背负体重的压力。

头　　顶：现在，我准备释放这些和体重相关的情绪。

眉毛内侧：让我的生活停摆的可能不是体重。

双眼外侧：是我自己让生活停摆。

双眼下方：我再也不想等体重降下来再行动了……

鼻子下方：我现在就要尊重我自己……

下　　巴：从现在开始，一切皆有可能。

锁　　骨：我选择赋予自己权利。

腋　　下：我将为自己的身体创造充满爱的内在环境。

头　　顶：在这种环境下，一切都很棒。

眉毛内侧：我用充满爱的语言夸奖自己的身体。

双眼外侧：感谢你为我做的所有事情。

双眼下方：你不需要努力赢得我的爱。

鼻子下方：我现在就爱你，爱你现在的样子。

下　　巴：一直以来，你都对我这么好……

锁　　骨：我一直在找照顾你的方法……

腋　　下：用充满爱的话语和行动。

头　　顶：我选择去感觉我对你的爱。

眉毛内侧：我不需要审视镜子里的自己……

双眼外侧：或是体重秤……

双眼下方：我只需要体会身体的感受……

鼻子下方：并且给自己应该得到的照顾。

下　　巴：我信任这个过程。

锁　　骨：我信任生活。

腋　　下：所有的一切就这样展开。

头　　顶：我享受现在这一刻。

第 4 章

告别情绪化进食，与食物和解

轻疗愈

THE TAPPING SOLUTION FOR WEIGHT LOSS & BODY CONFIDENCE

开心时，你会特意吃大餐奖励自己吗？伤心时，你会寻求食物的安慰吗？被食物抚慰之后，你感觉身心舒畅，还是惭愧内疚？

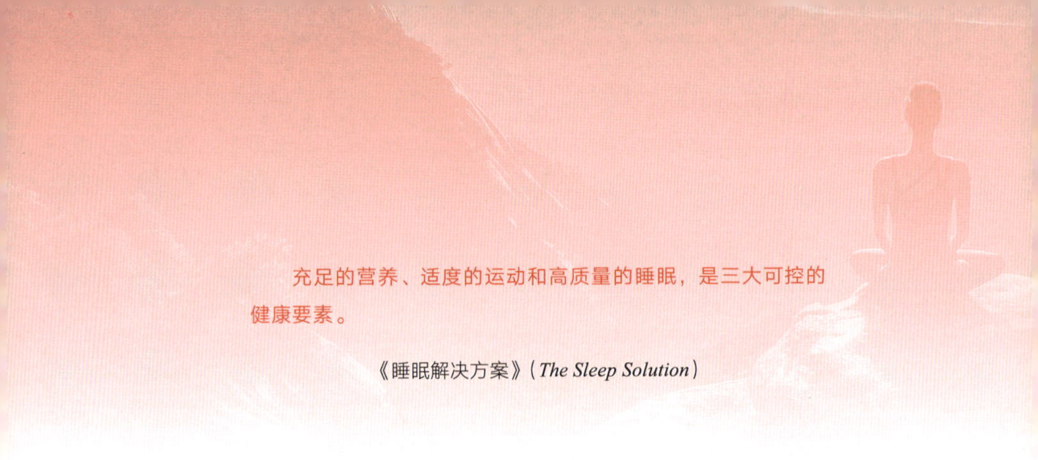

充足的营养、适度的运动和高质量的睡眠，是三大可控的健康要素。

《睡眠解决方案》(*The Sleep Solution*)

情绪化进食是我们耻于让人知道的小秘密，它带给我们快乐，也让我们羞耻。当我们被情绪化进食影响时，不论是满足自己吃东西的冲动，用暴饮暴食逃避情绪，还是不停地吃零食，食物都会让你沉溺其中。当情绪受到打击，我们也会产生吃东西的冲动。在那种情况下，任何食物都能安抚我们的身体和心灵。但紧接着，我们就会发现自己捧着圆滚滚的肚子难受地躺在那里，企图消化一肚子食物和愧疚。

如果不接受情绪释放治疗，我们将很难走出情绪化进食的泥沼。因为我们常常会认为自己无法控制这种行为模式。情感脆弱时，我们很容易去寻求食物的怀抱。因为食物永远不会评判你，它们就在那里，为你提供温暖的慰藉。食物会让你快乐和自由，直到你再次走入暴饮暴食和内疚的恶性循环。

接下来，我们将探索不同类型的情绪化进食，以及如何解开情绪化进食的魔咒。但首先，我们需要更全面地理解这个常被误解的话题，了解我们为什么容易对食物上瘾。

为什么我们总是吃得过饱？

研究情绪化进食时，很重要的一点是：我们需要考查自己在被情绪影响时，吃下肚子的食物如何影响我们的生理机能。大部分人往往过量摄入碳水化合物，包括曲奇、薯片、糖果、冰激凌等。有趣的是，这些食物进入身体后会像药物一样发挥作用，让我们很快镇静下去、快乐起来，不过这种感觉只能维持很短的时间。

大脑里有种叫作“色氨酸”的氨基酸。科学证明，碳水化合物可以提高色氨酸的浓度。色氨酸在人体内参与合成血清素。血清素是一种神经传递物质，当体内分泌血清素时，我们会感到镇静、快乐。也就是说，薯片和甜点之所以那么有诱惑力，部分原因在于，当你吃这些食物时，大脑会大量分泌血清素，让我们沉浸在镇静和快乐的感觉中。食物会触发大脑里的“奖赏中心”（大脑中被称作边缘区和旁边缘区的区域，这些区域与愉悦的奖赏机制相关，就像从性、美食和毒品获得的感受一样。——译者注），释放大量让我们“感觉良好”的物质，充盈我们的身体，让我们感觉很棒。难怪我们一吃曲奇饼干就停不下来！

我访问情绪释放疗法专家布拉德·耶茨（Brad Yates）时，他说过一句令我印象深刻的话：“自我破坏只是一种误入歧途的自爱。”当我开始思考情绪化进食时，发现他说得太对了。

当体内分泌的血清素把我们带入那种美好的状态，情绪化进食就像一种鼓励、爱和自我认可，会让我们这么想："我今天做了很多事情，值得被奖励一下。"实际上，我们并不是把食物当成奖励的"罪魁祸首"。回想小时候，我们有多少次被大人们诱惑说"如果你们表现得好，就可以得到一块饼干"？从那时起，我们误以为甜点是大人认可我们的标志。这样，我们长大后会用食物奖励自己就完全说得通了。

"我真正渴望的是什么？"

屈从于对食物的渴望，是情绪化进食的普遍特征，尽管这种渴望很像真实的生理需要。渴望也是努力减肥的过程中经常出现的感觉。

詹娜对这种强烈的渴望非常熟悉，她发现，如果自己在下班开车回家时就期待着到家之后能大快朵颐，车速就会明显加快。而刚一到家，詹娜就会冲进厨房，还来不及关橱柜门，她就会一块接一块地往嘴巴里塞她最爱的饼干。詹娜会站在料理台前，非常投入地吃饼干，浑然不觉自己早就吃饱了。詹娜知道这是个坏习惯，但就是控制不住自己。

有一天，詹娜在开车回家的路上，针对自己的渴望做了敲击治疗。每次遇到红灯时，她就会敲击一会儿。到家之后，詹娜感觉非常放松，而且不再有立刻冲进厨房的渴望了。詹娜的生理感觉再也不会"绑架"她了。后来，她意识到，她之所以对食物这么渴望，是想释放白天的工作压力，而直接针对症状（对食物的渴望）进行敲击缓解了她的渴望。

症状敲击，即针对渴望本身进行敲击，常常会很快收到效果。专门针对渴望进行敲击，可以让身体镇静下来，缓解想吃东西的渴望。想一想你渴望吃到的那种食物，甚至可以试着增强那份渴望。为你渴望的强烈程度打个分，然后一边集中精力想那种渴望，一边进行敲击。下面就是一个例子：

手 刀 点：尽管我需要吃这块巧克力，但我依然接纳自己的感觉，而且现在可以放松下来了。（重复 3 遍）

眉毛内侧：我需要这块巧克力。

双眼外侧：我现在就需要。

双眼下方：好想吃巧克力……

鼻子下方：身体里的这股渴望……

下　　巴：我现在就需要它。

锁　　骨：好想吃巧克力……

腋　　下：太想吃了……

头　　顶：我的脑袋没法想别的事情了。

现在，感受一下自己的状况。渴望的程度改变了吗？一直敲击下去，直到主观焦虑评分降到 5 分或更低，然后再继续积极描述的敲击。

眉毛内侧：我可以吃巧克力……

双眼外侧：也可以不吃。

双眼下方：现在我很平静。

鼻子下方：现在我感到内心很平和。

下　　巴：或许我现在可以吃一点巧克力。

锁　　骨：或许我可以晚点再吃。

腋　　下：我可以控制自己。

头　　顶：我选择对我最有益的事情。

做一个深呼吸，然后检查自己的感觉。再次给自己的焦虑程度打分，然后继续敲击下去，直到你放松下来。当渴望来袭，而且感觉过于强烈、难以抵挡时，你可以在每天早上醒过来时，就针对它进行敲击。敲击后的镇静感将伴随你度过接下来的一整天。

大部分和食物有关的渴望都和情绪有关，不过有些渴望的情感根源埋藏得更深。**当症状敲击无法缓解你对食物的渴望，那通常标志着，你的渴望拥有更深层的情感根源。**但是，你可能并没有意识到它。你的感觉更像是听到曲奇饼干在尖叫："现在就吃掉我！"那是因为你的身体陷入了恐慌模式，让你无法理性地看待身体的反应。

为了找出渴望的真正来源，你需要进行一会儿敲击治疗，平复恐慌感。你可以一边敲击手刀点，一边说出问题描述语，比如"尽管我无法摆脱对曲奇饼干的渴望，但我依然爱自己、接纳自己，而且我很好"。

通过敲击治疗平静下来，重新找回自己的判断力后，下面这个问题可能就不难回答了："我真正渴望的是什么？"于是，事情变得有趣了。现在，你变身为研究员，你自己就是研究对象，你可以针对情绪化进食源头的情绪进行敲击。

在开始研究自己之前，我们先探讨一下这背后到底发生了什么；探讨一下，当我们被情绪化进食绑架时，对食物充满强烈渴望时，我们的潜意识在想些什么。潜意识，包括杏仁核，负责保护我们的安全。潜意识的存在是为了保护我们，让我们避免经历似乎很危险的情绪、体验和记忆。在潜意识"眼里"，情绪化进食是大功臣，因为当我们狼吞虎咽下一整块比萨或巧克力蛋糕时，我们就能更好地躲避"危险"的体验、记忆或情绪。

弄清楚了自己真正的渴望，也就是潜意识用情绪化进食掩盖的未被满足的需求后，我们就可以用一种更健康的习惯来满足它。这时候，真正的、持久的改变就会发生。詹娜的情况就是如此。后来詹娜意识到，她可以用敲击疗法缓解工作压力，而不是用芝士夹心饼干和奶油干酪。

我们在渴望什么？苏打水还是安全感？

随着你不断针对自己的压力进行敲击，即使你不再直接关注这些渴望，内心的感觉也可能发生转变。萨拉就体验过这种变化。在参加课程几周后，萨拉停止针对每天都想喝含糖苏打汽水的渴望进行敲击，但依然也不再想喝了。这是敲击疗法常会产生的益处。当我们开始清理导致情绪化进食的潜在因素，渐渐地，我们将不再需要食物带来的麻木效果。结果，我们会自然而然地远离那些曾经渴望至极的食物。

探讨了情绪化进食是什么，以及为什么让嘴停下来的最好方式就是敲击之后，是时候研究一下情绪化进食的根源了。**我们之所以会极度渴望吃掉眼前的零食，常常是因为想逃避某些挑战性的情绪。**

乔安妮的情况就是如此。在进行一段时间的敲击治疗后，乔安妮意识到，曾经的自己是多么依赖食物压制自身的感觉。乔安妮不仅在逃避某些感觉，而且每当意识到某种情绪来临时，她都会立即奔向厨房。

有一天，我的学员萨曼莎意识到，她一直都在靠情绪化进食逃避某种特殊的情绪。萨曼莎是一名退休教师，也是一位有抱负的作家。那天，萨曼莎一大早就起来撰写童书稿件，但进展非常缓慢。到了中午，萨曼莎走进厨房，打算做一顿健康的午餐。她打开柜子，看到两大盒曲奇饼干，突然，“吃掉它们”的念头侵袭了她。

一发现自己有了这种渴望，萨曼莎就立刻进行敲击治疗。然后，她意识到脑海里一直在播放一盘老旧的让她无比恐惧的“磁带”。借着这盘磁带，她的大脑开始释放自己对这部书稿的担忧和焦虑。萨曼莎的脑海里出现了这样的声音：这本书永远也无法出版……不过，我又有什么能力写出这本书呢？我不是一名真正的作家。针对写作引发的担心和焦虑进行敲击之后，萨曼莎对曲奇饼干的渴望消失了，然后顺利享用了一顿健康的、令人心满意足的午餐。

现在，花点时间问问自己在逃避什么样的感觉或情绪。如果你发现边敲击边问问题确实有效，那以后每当你需要时，就反复这样做。你可以参照以下的顺序进行敲击：

手刀点：尽管我需要吃这某种食物才能让自己平静下来，但我依然爱自己、接纳自己。（重复 3 遍）

眉毛内侧：我现在就需要吃它。

双眼外侧：我感觉越来越想吃。

双眼下方：我不想有这种感觉。

鼻子下方：这种感觉太强烈了，我无法控制。

下巴：没希望了，我要失控了……

锁骨：所以我需要它。

腋下：只有吃了它我才能熬过今天。

头顶：这股渴望背后的这些感觉……

再问自己一次：隐藏在情绪化进食背后的情绪是什么？我是在暴饮暴食还是在沉迷于某种渴望？我试图逃避的是什么情绪或负面想法？记得给每种情绪都打分。把这些感受说出来，然后继续敲击下去。一旦主观焦虑评分下降到 5 分以下，你就可以进行积极描述的敲击。

眉毛内侧：我感受到了渴望已久的平和。

双眼外侧：我感受到了渴望已久的爱。

双眼下方：我不需要找到所有的答案。

鼻子下方：我只是在这一刻感到了释然。

下　　巴：即使直面这些情绪，我也是安全的……

锁　　骨：然后就这样让它们离开。

腋　　下：现在，我找回了久违的放松感。

头　　顶：我会在吃东西时心怀爱意，以此向身体表示尊重。

记住：刚开始敲击时，你可以按照我提供的步骤顺利进行，然后逐步按照自己的具体情况进行陈述。

三大触发因素：压力、反抗情绪和自我奖励

每时每刻，每个人的潜意识都可能把情绪化进食当成一种方便的干扰物，用来掩饰各种各样的情绪。我们想掩盖、逃避的可能是强烈的情绪，比如愤怒或者其他的情绪。常常被我们低估的一种情绪是“无聊”，它也是情绪化进食的普遍根源。无聊可能标

志着你需要参加新的活动，但持续的无聊或许表示，你的生活缺乏热情。未被满足的热情需求，可能导致你从食物里寻找快乐，因为食物可以在短期内让你兴奋起来。

当你面对多种情绪时，你可能会尝试通过情绪化进食来回避它们。这时候，你需要回顾一下第 2 章中的情绪列表。下面让我们讨论一下情绪化进食最常见的三种触发因素。

压　力

玛格丽特在 6 个月里重了将近 7 千克。她感到非常挫败和沮丧。她说她总是忍不住想吃零食。玛格丽特说：“下班回家后，我常待在厨房。我也不知道为什么。”我问玛格丽特，6 个月前，是什么事导致她体重猛增。她说：“我 6 个月前换了新工作。”“新工作压力很大吗？”我问道。“是的！”她脱口而出，“我的新老板快把我逼疯了。”

开始针对她的压力进行敲击后，玛格丽特发现，吃零食已经成为她放松休息的方式。“我发现很难照顾好自己，”玛格丽特对我说，“我试着满足每个人的期待。我想做个好妈妈，也想成为成功的职业女性；我想照顾好我的丈夫，但我没有时间留给自己。新老板让我压力很大，我几乎难以忍受了。”

我们也针对触发玛格丽特情绪化进食的一些具体事件进行了敲击。一边进行敲击，玛格丽特一边模仿她的老板说出那些让她恐慌的话。我们一直针对那些话语进行敲击，直到玛格丽特在复述这些话时，不再感觉到从胃里翻腾起的熟悉的恐慌感。

然后，我们开始用肯定的陈述进行敲击，像是“我的身体感到镇静和平和”，“我知道自己应该做什么”，以及“我感到冷静和自信”。然后，我让玛格丽特想象自己身处一个巨大的透明泡泡里。我让她一边逐个敲击穴位，一边想象自己可以听到老板的话，但老板散发出的威胁无法穿透这个泡泡来到她身边。这个过程可以帮助玛格丽特强化一个观念：我们可以听到某些人的话，但不接收他们发出的恐慌能量。

在接受敲击治疗之前，玛格丽特认为只有承受老板的压力，才算优秀的职场人士。一直以来，玛格丽特都把镇定和对工作不够重视画上等号。接受敲击治疗后，她开始意识到，自己也可以只听老板的抱怨，而不接收他施加的压力。当老板压力很大时，如果玛格丽特保持冷静和自信，其实可以为老板提供更大的支持。

压力往往会引发情绪化进食，但情绪化进食也常常被许多出乎我们意料的东西触发。

反抗情绪

和我一起进行敲击治疗几个星期之后，丽贝卡感觉棒极了。近来，丽贝卡经常进行敲击，而且很享受健康的食物和运动。在我们面对面治疗的阶段，她一直都很积极，但进入电话连线治疗阶段后，当听到电话那头传来低沉而恐慌的声音时，我开始担心她。

“你还好吗？”我立刻问道。“我在我爸爸这里，但是我不想取消我们的治疗。”丽贝卡轻声说道。

接着，丽贝卡告诉我，在过去几天里，她的情绪化进食毛病复发了。她感觉很沮丧，认为之前的治疗功亏一篑。丽贝卡相信，是因为自己意志不坚定以及家里准备了太多庆祝独立纪念日的美食，才导致她再次陷入情绪化进食的泥淖。

“在你发现自己又开始情绪化进食之前，发生了什么事情？”我问她。丽贝卡想了想，然后说：“噢，我知道是为什么了。”

原来，到父亲家之后，丽贝卡与他分享了最近正和我一起进行的敲击治疗法。丽贝卡的父亲没有为她的努力和进步感到激动，而是对她说：“噢，好吧，其实你多站一会儿就可以减肥。”

父亲的话让丽贝卡感到伤心和孤单，就好像她只有减肥成功才能得到父亲的爱一样。和我的许多学员一样，丽贝卡的第一反应就是反抗。丽贝卡的潜意识告诉她，如果父亲不能爱她现在的样子，她就不会满足他想要她减肥的期望；如果他想做她的父亲，那就应该学着去爱一个胖胖的丽贝卡。但是，在这种反抗情绪背后，丽贝卡仍然感觉很受伤，而且不知不觉就沉浸在愤怒和悲伤之中了。

在减肥过程中，反抗减肥压力的冲动会反复出现。当世界满足不了我们的期待时，我们就会用食物来对抗它的不公。一般来说，内心和不公平有关的潜意识信念被某件事触发后，情绪化进食症状就会复发。吃东西时，我们会感觉自己好像正在对社会，对那个一直给我们压力，试图让我们达到可能永远也无法企及的目标的社会表示愤怒。我们会对父亲、母亲、朋友或导师表示愤怒，因为他们对我们体重的态度让我们觉得，只有减肥成功，或满足他们的期望，我们才能获得他们全心全意的爱。

当我们处于反抗状态时，情绪化进食会让我们获得所谓的“自爱”，能把其他人似乎拒绝给我们的爱还给我们。而且在短时间内，我们会感觉获得了解放或者力量。当认为很多事情都失控了的时候，重新夺回控制权让我们很满足。但实际上，我们只是在发动一场针对自己的战争。

如果你又产生了这种即时的饮食渴望，那么，针对触发物引发的情绪进行敲击通常就能平复它。但是，如果出现特例，情绪敲击失效，你就需要进一步深入，针对话语或事件本身进行敲击。我们将在下一章具体探讨应该怎么做。

现在，你已经明白在丽贝卡身上发生什么事了。针对她反抗反应背后的愤怒进行敲击后，丽贝卡很快就开始回忆起一些往事：这些年来，她的父亲经常提及她的体重，经常指着身材苗条的女性，对丽贝卡说她们看起来多漂亮。尽管丽贝卡的父亲没有明确批评她的体重，但一次又一次的间接评论，让丽贝卡感觉自己因为体重而没有那么可爱和有价值。

随着我们不断针对丽贝卡的情绪和记忆进行敲击，她逐步清理了深埋在心底的受伤感和愤怒感。丽贝卡明白，努力改善健康状况与父亲或社会压力无关，这只是她爱自己和提升自身价值的个人旅程。

放下这么大的情感包袱之后，丽贝卡轻松极了。在父亲家余下的几天里，丽贝卡一直很平静，而且能够用一种很享受，并尊重身体的方式吃饭。更有趣的是，丽贝卡和父亲相处得更加愉快了。她了解到了父亲的善意，尽管他的行为和语言伤害了她。

对于我的另一位客户来说，仅仅针对感觉本身进行敲击就可以终止情绪化进食。克里斯蒂是一位职场妈妈，通过敲击，她意识到，当自己精疲力竭时，最容易被触发情绪，然后开始寻找食物。

克里斯蒂把这叫作“妈妈用力嚼”综合征，因为这个习惯是在女儿出生不久后养成的。每当克里斯蒂空闲下来，比如女儿小睡时，她都会给自己烹制美食，即使并不觉得饿。随着时间的推移，用吃东西放松心情的习惯变得越来越根深蒂固，而这也导致克里斯蒂一直需要努力减肥。一旦克里斯蒂意识到这种模式，她就可以通过敲击把疲惫感更直接地驱赶出来。相比吃东西，她可以选择小睡一会儿，洗个热水澡或是运动一会儿。

自我奖励

可能触发情绪化进食的事件不计其数。现在，让我们回想一下，你什么时候会被触发，然后做一些敲击。回想一下你上次情绪化进食是什么时候。当时你是窝在沙发里，站在料理台前，还是坐在汽车里？是在深夜，还是当你一个人在家的时候？

找出触发你情绪化进食的事件，然后问问自己：“当时发生什么事情了吗？在开始情绪化进食之前，我有没有一种特殊的感觉？”这些答案会为你提供一个敲击目标，不论那是一种疲惫感或沮丧感，还是某个人说的某句话或做的某件事。你可以在说出那种感觉的同时进行敲击。

快餐食品和热奶油糖浆圣代让特丝很快乐。特丝不会在心烦意乱时大吃特吃，而是会在心情大好时沉浸在吃东西的愉快感觉里。对于特丝来说，情绪化进食就是吃很多东西，让食物成为她的快乐之源。她认为自己值得，而且不愿意放弃这份奖赏。

跟特丝一样，我们许多人都有情绪化进食的习惯。对于我们来说，情绪化进食是一张安全网、一份奖赏，甚至是一场旧梦，食物可以让我们想起小时候，母亲满怀爱意准备的家常菜。尽管变胖后，我们会感觉不舒服、不快乐，但仍然抗拒放弃情绪化进食，因为它已经忠实陪伴了我们这么久，放弃它会让我们感觉不安全。

大部分人都会忽略自己和情绪化进食之间的关系。但这一点很重要，即我们需要停下来问问自己："改掉这个习惯会带来什么坏处？"在本书中，我们会多次遇到这个问题。对于特丝来说，尽情吃喝是为了奖励自己完成了某些事情，包括在让人窒息的环境中工作了一天。除了食物，特丝怀疑根本找不到别的办法让自己感觉好起来。

参加几个星期的课程，并针对压力敲击一段时间后，特丝感觉到自己发生了巨大的变化。有一天，当特丝和丈夫开车经过他们最爱的热奶油糖浆圣代店附近时，丈夫问道："你想让我停下来吗？"

她微笑着给出了一个令自己和丈夫都感到震惊的回答："不，我真的不想吃。"

在用敲击释放了过多的压力后，特丝再也不需要用食物庆祝自己又度过了艰难的一天。就在那一周，特丝逛杂货店时，往篮子里装的都是新鲜食物，而且一点儿也不渴望曲奇饼干。"我感觉就像是我的大脑被改造了。”特丝在谈到敲击疗法对她的影响时这样说。现在，特丝一点也不认为自己缺少了什么，她很享受吃健康食品的过程。也就是说，她找到了新的、比圣代更令人满足的方式来奖励自己。

潜意识中的你，在故意保持体重吗？

在进一步挖掘体重居高不下背后的原因时，我们会多次提到一个重要概念：继发性获益（Secondary Gain，指利用症状操纵或影响他人，从而获得实际利益。——译者注）。继发性获益并不一定指体重。它是一个心理学概念，包括多种情况，比如生病、疼痛和肥胖。

多年前，当我刚开始全力应对我的体重挑战时，常常在想，是不是我出于某种原因，故意保持当时的体重？但是，每当这个念头出现时，我都会迅速转移注意力，开始思考其他的事情。然而，有一天，我决定问自己两个和继发性获益有关的问题，这两个问题是我在制作《轻疗愈》纪录片时，从情绪释放疗法专家卡罗尔·卢克（Carol Look）那学到的。

这两个问题是“保持体重的好处是什么？”以及相反的问法“减肥的坏处是什么？”。我最初的答案很明确：“没有坏处。”多年来，在我心目中，没有什么事比减肥更重要。身材不苗条是我的问题，是横亘在我和快乐、成功以及精彩未来之间的障碍。但是，随着我继续针对这两个问题进行敲击，我取得了重大突破。我的心门似乎打开了，一连串的答案涌现出来。这些曾经深埋心底的答案让我大吃一惊，我决定把它们记录下来。以下是其中的一部分：

- 如果减肥成功，我就得严格控制自己的饮食。
- 如果减肥成功，我就会被其他女性严厉抨击。
- 如果减肥成功，我就是在向我怨恨的审美文化投降。

如果我减肥成功，并开始追求梦想，但最后却遭遇失败，这就意味着我需要承担所有责任，而不能“嫁祸”给体重。

不进行敲击，我就不可能取得突破，而这个突破开启了我和体重之间的全新关系。随着我针对抗拒的观念进行敲击，体重比以往下降得更快、更轻松，而且身体更轻盈、精力更充沛、心情更快乐，对身材也更自信。

正如曾经的我那样，最初，我的很多学员都抗拒更深入地挖掘体重和身体背后的故事，但是当她们探索自己减肥失败的继发性获益时，就取得了和我类似的巨大突破。

尽管深挖的过程可能会让我们不太舒服，甚至心神不宁，但我真诚建议你坚持下去。在敲击治疗的帮助下，我们不需要深入痛苦的源头，也能找到解决痛苦的方法。

不过，你需要勇敢地负起责任，直面一直以来拒绝接受的东西。你需要勇敢释放生活中那些极度渴望被关注的部分。尽管你一直试图忽略或者掩盖这些渴望，但实际上，它们一直以体重焦虑的形式聚集在你身边。敲击治疗会让转变的过程变得更简单，同时，良好的生理和情绪变化很快就会出现。

让你发胖的，是冰激凌还是内疚感？

想象一下，如果整个星期都不能享受最爱的美食，你会恐慌吗？终结情绪化进食有什么坏处呢？你会产生某种特殊的情绪，还是会更想反抗？如果愿意的话，你可以拿出一张纸，把你的想法写下来，然后把它们当成敲击目标。在敲击之前，记得要评估你的情绪强度。

手 刀 点：尽管我不愿意改掉这个习惯，但我依然爱自己、接纳自己。（重复 3 遍）

眉毛内侧：我不想停止对这种食物的渴望。

双眼外侧：我不想放弃吃这种食物的权利。

双眼下方：这是我逃避不舒服感觉的方法。

鼻子下方：这是赞美自己的方法。

下　　巴：这是感到快乐的方法。

锁　　骨：我不想放弃它。

腋　　下：我受够了这种被逼着放弃的压力。

头　　顶：我想反抗，我要做我喜欢做的事情。

针对你不想放弃情绪化进食的所有理由进行敲击。当主观焦虑评分降到 5 分或更低时，你可以开始积极描述的敲击。

眉毛内侧：我可以按照自己的想法做。

双眼外侧：我可以选择吃任何想吃的东西。

双眼下方：我的感觉更平静了……

鼻子下方：我有更大的控制权，可以选择真正想要的东西。

下　　巴：我不要食物让自己感觉满足，选择现在就感觉满足。

锁　　骨：我不要食物让自己感到镇静，选择现在就感觉镇静。

腋　　下：承认我真正想要什么，并没有让我感觉不安全。

头　　顶：我选择在镇静、平和的环境中选择想要的东西。

这组练习的关键不是阻止你沉迷于自己最爱的美食，只是为了准确找出导致你过度沉迷的情绪。之后，你可能会发现，这些触发物会再次出现，或是产生了新的情绪化进食触发物。不要因为这些小插曲而气馁。你只需要把这些触发物记录下来，然后逐个进行敲击，直到把它们完全清理干净。

当情绪化进食成为根深蒂固的习惯，我们就很难看清楚，自己和食物之间的关系是如何给我们制造麻烦的。在和我的朋友兼导师，畅销书《只用 30 天，改变你自己》（*The First 30 Days*）的作者艾丽安·德波瓦（Ariane de Bonvoisin）小聚时，我突然想到了这一点。之前，艾丽安向我热情地推荐过一家冰激凌店。她说，那里有全纽约最棒的巧克力冰激凌。那天晚上，我们结伴去享用美食。

我们一人买了一份冰激凌，然后在街对面的小广场上坐下来。那是个美妙的夏日夜晚，有一段时间我们就这么安静地坐着，没有说一句话，静静观赏着不远处的喷泉。

突然，艾丽安开口："你知道我俩吃的东西不一样，对吗？"我低头看了看她的杯子，说："不是啊，我点的是和你一样的口味。""我们还是在吃不一样的东西，"她说道，"我在吃冰激凌，你在吃内疚。我的身体会享受这杯冰激凌，然后完全消化吸收它。它会进入我的身体，又离开。而你的内疚会停留在你的身体里，然后成为你的体重。"

听了她的话，我惊呆了，陷入了沉默。艾丽安如此真实地描述出了我的感觉，这令我震惊。我已经遵循健康食谱有一段时间了，但体重似乎减不下去。那天晚上，我突然意识到，我的健康食谱混进了一类不该吃的"食物"，那就是内疚感和羞愧感。

我们生活在一个热爱食物同时崇尚苗条的文化环境。我们从小接受的教育就是：体重增加意味着我们"不如"别人，超过标准体重是因为我们缺乏自控力。在内心深处，我们知道那都不是真的。我们知道自己是优秀的、美丽的，而且富有才华的人。但是，在拼命减肥了那么多年后，我们开始怀疑自己。我们开始轻视自己的价值。就这样，我们的自信被偏爱苗条身材的文化，一点点啃噬掉。慢慢地，我们开始怀疑自身的价值。我们对自己感到羞愧，因为体形无法达到大众的审美标准。我们想知道，自己是不是真的有缺陷。而真正的问题是，我们还没有学会如何爱和尊重自己原本的样子。

食物并不是我们的敌人。是时候结束这个循环了，不要再把羞耻和内疚当成每餐必备的配菜，包括其他任何负面情绪。

现在，花点时间想一想你在吃东西时的感觉。问问自己："我吃下去的是什么情绪？""我在吃东西时，会严厉地批评自己、贬低自己的价值吗？"一般来说，如果你边思考和回答这些问题，边进行敲击治疗，这个过程会变得更加简单。

身体需要的是快乐，而不仅仅是食物

之前，我们详细讨论了情绪化进食，现在，我想探讨一个同样重要的话题：快乐。在后面的旅程中，我们将更深入地探索自我照护和享受快乐。现在，我们先谈一谈快乐在吃东西过程中扮演的角色。当我们用敲击摆脱情绪化进食之后，会发生什么？

你知道的，我不相信节食。我认为身体的需要应该被满足，我要的是健康、愉快的感觉。就我的经验而言，用敲击疗法清理我们和体重之间的潜在问题后，体重会自然而然地降下来。但是，清理潜在问题之后，如果当我们只专注于吃健康的食物，而不针对压力和情绪化进食的其他潜在原因进行敲击，健康饮食最后会被看成一种剥夺。我不希望这种情况发生在你身上。

我坚信我们需要各种各样的快乐，包括来自食物的快乐。我希望你吃营养丰富的食物，不是因为这些食物富含营养，而是因为它们很美味；我希望你花些时间享受食物，细细品尝它们；我希望你把吃东西当成一件值得期盼的事情，不是因为你需要用食物填满尚未被满足的情绪需求，而是因为你饿了，而且你准备吃的健康餐点非常棒、非常可口；我希望吃东西这件事变成你的快乐，而且不附带额外的内疚、羞耻和后悔。

敲击疗法通常是重塑你和食物之间，以及你和自己身体之间关系的最快、最有效率的方法。同时，我也想和你分享一些我的客户总结出的小贴士，帮助你创造充满快乐的饮食体验。

创造快乐饮食体验的 5 条小贴士

1. 吃东西之前，做 3 次深呼吸，并留意自己的感觉。如果你感到内疚、愤怒、沮丧，或是其他任何负面情绪，就在开吃之前做一会儿敲击治疗。然后，选择你要放在餐盘上的情绪。“我再也不吃冰激凌配内疚了。我吃的所有食物，包括冰激凌，都把爱和感激当作配菜。”
2. 细嚼慢咽。我们中有太多人过着快节奏的、丰富多彩的生活。我们总是想要挤出更多时间，也难怪会狼吞虎咽。很多人吃东西都只会简单咀嚼一下，就迫不及待地把食物吞下去。但细嚼慢咽会让你体会到你真正的感觉。有意识地咀嚼食物，影响着你能从食物中获得多少快乐。而且，因为消化从嘴巴开始，充分咀嚼食物也有助于消化。

3. 坐下来吃。料理台是给你准备食物用的，而不是吃东西用的。厨房水槽是为了让你洗盘子，而不是接住饼干的碎屑。站着吃东西时，我们容易产生一种匆忙感。我有好几次最尽兴的狂欢就发生在柜门敞开的橱柜前。这种时候，我会先吃一些坚果，然后来一根谷物棒，接着再吃一些坚果以及椒盐脆饼。接着，我再打开曲奇饼干的袋子，然后再吃一两把坚果。就这样，最开始的健康零食变成一次性终结的狂欢。而坐下来吃东西，会让我们更容易了解自己的感觉，知道自己到底有多饿，以及食物有多美味。
4. 利用外在条件，让你放松和平静下来。愉快和轻松的音乐、烛光、漂亮的刀具和餐盘，这些东西可以使客人的用餐过程更加愉快。为什么不为自己做同样的布置呢？如果你的空闲时间不多，就挑选一些能快速准备好的简单摆设，比如一根蜡烛，或是你最爱的古典音乐。如果你边吃饭边听音乐，那么一定要播放令人平静和放松的音乐，因为快节奏或嘈杂的音乐会令你分心，导致你无法完全专注于食物并享受它们的味道。
5. 活在当下，专心地享用食物，不要让其他东西干扰你。不要在吃东西的同时看电视，玩手机或看书。电视、书或杂志、电话或网络信息，会让我们无法充分享受食物。我们的大脑会变得麻木，并很快进入自动驾驶状态。在这种状态下，我们感受不到自己正在吃什么、吃了多少、吃饱了没有，以及最重要的，它们的味道有多棒！是时候专心吃东西，充分享受食物带来的快乐了。

阅读这些小贴士时，你会产生任何抗拒情绪吗？如果你认为这 5 条很难做到，问问自己是为什么，然后把答案记录下来。你的答案就是敲击的目标。

开始练习这种新方法时，你可能会意识到，一直以来你都在逃避这一点。这是因为，当选择活在当下时，我们需要聆听脑海中的消极对话，感受自己的负面情绪。而很重要的一点是，我们需要面对这些让自己不舒服的声音和情绪，然后做几轮敲击，把它们清理干净，而不是在食物里寻找安慰。

吉尔遵照这些小贴士做了，但她发现，如果吃饭时不开电视就会显得很孤单。然后，她开始进行关于单身的负面自我对话。当吉尔用敲击清理“一个人吃饭意味着她是失败者”的信念之后，她停止了自我批评，享受着自己的陪伴。吉尔说，当强烈的情绪升起时，只是进行敲击，她就感受到很大的变化。

米歇尔意识到，每当空闲下来，她就会感到内疚。她相信，自己应该高效地吃饭，也就是在吃饭的同时，读书或者用手机回复邮件。当米歇尔因为悠闲吃饭而内疚时，她把出现在头脑里的所有念头都记录下来，然后一边大声念出自己的想法，一边进行敲击。

下一章将更深入地探索让我们变成这样的原因。通过回顾过去发生的事件，我们就可以更好地理解它们是如何影响我们的。但是，首先让我们针对专心吃饭进行一轮敲击冥想练习，把吃东西变成更愉快的体验。

慢慢敲，敲除情绪化进食

手刀点：尽管我不觉得我能控制自己吃什么，但我依然爱自己，接纳自己。（重复3遍）

眉毛内侧：所有这些和食物有关的压力……

双眼外侧：我想吃得更健康……

双眼下方：但我不想剥夺自己选择食物的权利。

鼻子下方：我需要这种食物。

下巴：我不饿时也需要一直不停地吃……

锁骨：因为我需要休息。

腋下：我需要暂时逃离。

头顶：我需要这种食物。

眉毛内侧：食物能给我安慰。

双眼外侧：当我需要的时候，食物永远在那里。

双眼下方：我不愿意放弃这些不健康的习惯。

鼻子下方：这种强烈的渴望……

下　　巴：关于吃什么的思想斗争……
锁　　骨：我不想用破坏性的方式吃东西。
腋　　下：但是，我也不想剥夺自己吃东西的权利。
头　　顶：可能有别的办法。

眉毛内侧：可能我还是可以享受食物。
双眼外侧：可能我可以在开始吃东西之前，就让自己平静下来。
双眼下方：可能有其他奖励自己的方法。
鼻子下方：可能做到这一点比我想象的容易。
下　　巴：我愿意寻找新的方式奖励自己。
锁　　骨：我愿意寻找新的方式安慰自己。
腋　　下：现在，我选择感觉镇静与平和。
头　　顶：我找到了健康的滋养自己的方式。

眉毛内侧：我和我的身体步调一致。
双眼外侧：一直以来，我的压力都太大了。
双眼下方：这样的过量饮食只是在消耗我的身体。
鼻子下方：我学会了用爱让自己充满能量。
下　　巴：我选择善待自己的身体。
锁　　骨：我选择为身体提供有营养的食物。
腋　　下：我发现健康的食物也能带给我快乐。

头　　顶：健康的食物对我的身体和精神有益。

眉毛内侧：我和身体的需要保持一致。

双眼外侧：我要保持体内水分的干净、纯洁。

双眼下方：开始吃饭之前，我会做几个深呼吸。

鼻子下方：我活在当下，而且能控制自己。

下　　巴：我享受自己的食物。

锁　　骨：我能控制自己。

腋　　下：我知道自己什么时候吃饱了。

头　　顶：我把吃饭变成了更快乐的事……

眉毛内侧：吃饭的时候保持专注而平静……

双眼外侧：这比我想象的容易。

双眼下方：我可以对自己宽容一些。

鼻子下方：我开始每天养成健康的习惯。

下　　巴：这种感觉太好了。

锁　　骨：我发现，健康地生活会让我快乐。

腋　　下：我能控制自己。

头　　顶：我要用积极的想法和富有营养的食物滋养身体。

第 5 章

THE TAPPING SOLUTION FOR WEIGHT LOSS & BODY CONFIDENCE

开始发胖时，你的生活发生了什么事情？

伤害你的可能是一句令人沮丧的评论、一次不愉快的性挑逗，或是其他一些不愉快的经历。有时候那些微小的、转瞬即逝的事情甚至会对我们产生难以磨灭的影响。针对这些事件进行敲击，有助于你逐步放下这些事件诱发的情绪和信念。

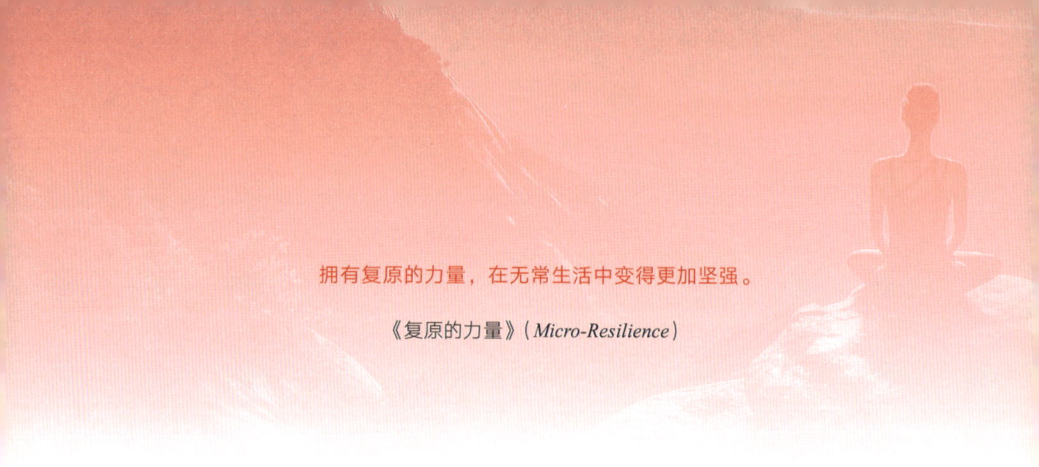

拥有复原的力量，在无常生活中变得更加坚强。

《复原的力量》（*Micro-Resilience*）

在过去的35年里，霍莉常常在“压力山大”时胡吃海喝。她尝试过多种减肥方法，也曾经成功过，但每次都保持不了几年就反弹了。如今，霍莉意识到自己已经不再期望可以永远甩掉那些赘肉了。

大约在参加我的网络减肥课程一个月之后，霍莉取得了一个重大突破，在进行敲击治疗时，她意识到自己暴饮暴食的习惯可以追溯到8岁时。当时，霍莉的母亲重回职场。不久之后，霍莉的父亲离开了她们母女。霍莉很害怕单独和母亲生活，因为母亲严厉而无情。被自己唯一能够表达爱和情感的亲人抛弃，霍莉非常生气。于是，她开始大吃大喝。尽管食物带来的安慰十分短暂，但又极其不可或缺。

跟霍莉一样，大部分人在事件发生的当下，不能意识到它会给自己带来怎样的影响。直到几年甚至几十年之后，当我们仔细剖析生活中那些不甚满意的方面时，这些影响才逐渐浮出水面。通过敲击疗法，我们可以拆除内心的屏障，清理当年那些事件留下的有害残留。如果不及时清除，这些残留将持续影响我们和体重、身体之间的关系。

霍莉刚开始敲击时，首先给 8 岁的自己一个机会，大声说出当时真正的感受。她一边述说，一边泪流不止，并感受到不可思议的解脱感。后来，当她再次回忆起那段时光时，已经能够不再像之前那样悲伤不已了。霍莉对自己，以及对那个只能从食物里寻找安慰的小女孩，产生了同情。这使霍莉和自己、食物建立起了新的关系。

在更清楚地意识到内心压力后，霍莉运用敲击疗法清除它们。现在，她再也不会对垃圾食品有难以抑制的渴望了，因为它们根本无法为身体提供营养或让她感觉良好。

为了明确过往事件是如何影响你和自己、你和体重之间的关系的，我们将在这一章里探讨 3 种可能的触发性事件：导致体重增加的事件、扭曲减肥经验的事件，以及你无法准确描述的事件。这些事件都会显著影响你的减肥能力。

当针对体重刚开始增加时发生的事件进行敲击后，贝弗莉成功减掉了她的第一个 13 千克。当贝弗莉不再关注减肥，也不再空虚无聊后，她的体重开始下降了。从与丈夫结婚之后接下来的 10 年，被贝弗莉称为“再婚家庭地狱期”。就是在这个时期，贝弗莉的体重开始增加。贝弗莉的丈夫之前有过一次婚姻，且育有两个孩子。离婚后，孩子跟随父亲生活。

结婚之后，贝弗莉仿佛面对着无穷无尽的挑战。当她的继子在家门口贩卖毒品时，贝弗莉努力希望在他们麻烦的人生中充当一位积极向上的、有爱心的母亲。另外，贝弗莉的丈夫对家里的事情撒手不管，让她更加孤立无助，不知道如何让婚姻健康地维持下去。贝弗莉担心成为失败的继母，甚至放弃了自己生养孩子的想法，还要在朋友和家人面前，极力掩饰内心的伤痛。在那段时间里，唯一能够安慰贝弗莉的就是食物。于是，她的体重也随着年岁不断增长而增长。

在贝弗莉运用敲击疗法清理记忆中的情绪包袱后，她的身体和饮食习惯轻松实现了转变,并且不再认为自己处于“再婚家庭地狱”了。那确实是充满挑战的时期，但她也记住了很多重要的教训。

听了贝弗莉的故事之后，我很惊讶她给那段记忆起了这样的名字。尽管在敲击治疗时，最好尽可能具体地回忆过往的故事，但并不一定需要逐个剖析每一个记忆片段。但贝弗莉有一点做对了：我们可以像贝弗莉那样，根据那些回忆带给我们的感觉给它们取个名字，然后一边说出名字，一边进行敲击。

用一种概括整体感受的方式给自己的回忆命名，常常可以让你更快地清理一系列相关回忆背后的情绪包袱。在清理了回忆的情绪包袱之后，贝弗莉给那段回忆取了一个新名字——一步步前进的 10 年。现在，贝弗莉在回忆起那段岁月时，已经不会再压力重重了。

“一句只有 7 个字的话，让我与体重斗争了 30 年”

我的客户和学员常会惊讶地发现，生命中的那些似乎很小的事件，竟然产生了如此深刻的影响。维多利亚的情况就是这样。她在敲击时意识到，是 30 多年前别人的那句只包含了 7 个字的话，拉开了她和体重之间长期斗争的序幕。

“你不配住在这里。”30 多年前，维多利亚大学毕业后的第一个房东这样对她说。从那时起，维多利亚开始从食物里寻找安慰，因为她担心自己真的像房东说的那样不配拥有生命里那些美好的东西。维多利亚一边敲击，一边想着房东说过的这句话，眼泪簌簌地落下来。她一边啜泣，一边体会深埋在心底多年的悲伤和愤怒。

进行情绪敲击之后，维多利亚可以做到，只回忆房东的话语而心绪不被干扰。“就像大脑里的一个开关被启动了。”维多利亚这样对我说。如果你相信自己不值得拥有美好的事物，那么每当你感觉好事要落到你头上时，你就真的会做些什么阻止这件好事发生。在针对这个事件进行敲击后，维多利亚发现自己不再抗拒做一些改变。

几乎是一夜之间，维多利亚开始期待每天做运动，并烹制味道鲜美且让身体感觉良好的健康餐点。突然间，减肥变得更加容易，也更富有乐趣，因为她开始认为自己配得上所有的美好。

导致我们体重增加或反弹的事件有许多，比如失业、情感问题或医生的诊断结果。我的一些客户，比如维多利亚，可以找出某个具体的时刻，从那时起，她们开始从食物里寻找慰藉。伤害她们的可能是一句令人沮丧的评论、一次不愉快的性挑逗，或是其他一些不愉快的经历。有时候那些微小的、转瞬即逝的事情甚至会对我们产生难以磨灭的影响。

针对这些事件进行敲击，有助于你逐步放下这些事件诱发的情绪和信念。针对它们进行敲击时，你可以运用不同的技巧：直接敲击、边讲故事边敲击，或者边放电影边敲击。你可以逐个尝试这 3 种方法，看看哪一种最适合你。

直接敲击技巧

当你想针对某一事件进行敲击时，只需要给这个事件起个名字，帮助自己记起事件发生时的感受，比如“那副表情”“地狱般的离婚”“失业”等。当想到那件事时，你内心升腾起的最强烈的情绪是什么？你可能会产生多种情绪，没关系，但现在请首先关注那种占据你最多注意力的情绪。这种情绪的主观焦虑评分是几分？在空白处填入事件的名字和你的情绪，然后开始进行敲击。

尽管 ______________ 让我感觉 ________________，但我依然爱自己，接纳自己。

尽管 ______________ 让我感觉 ________________，但我

依然爱自己，接纳自己。

尽管 ______ 让我感觉 ______，但我依然爱自己，接纳自己。

一边说出事件的名字、发生了什么和你的感觉，一边不断进行敲击，直到可以平静地回忆起这件事。保持耐心，因为这样的事件通常都有好几个层次，你需要逐层进行敲击。

边讲故事边敲击

如果你在电话里跟朋友抱怨遇到的某些事情，你就是在讲一个故事。在运用这个技巧时，你可以想象自己正一边逐个敲击穴位，一边和朋友分享发生在你身上的故事。此外，当你可以平静地讲述这个故事时，问一问自己："我是否从这件事中，学到了有用的一课？我到底学到了什么？"

边放电影边敲击

这是情绪释放疗法创始人加里・克雷格创造的一种技巧。这种技巧适用于清理个人事件，而非全球性问题给你带来的影响。在运用这种技巧时，你可以在头脑里播放一部关于过往事件的电影。围绕某个事件制作一部电影，能在很大程度上确保你正在集中清理它带来的影响。一部电影有开头，也有结局，有主角。主角会做一些事，说一些话，而且电影通常会有一个"高潮"。

以下这些问题将帮你做好制作电影的准备。

你可以为这个事件制作一部电影吗？运用这种敲击方式有一个很大的优点，即在播放电影的过程中，你都不需要大声说出事件的细节。

关键在于，事件的细节和其中涉及的人对你的心理产生的影响。关注电影角色体验到的视觉、听觉、情感和其他身体感觉，他们在想些什么，甚至是闻到了什么或尝到了什么。当客户的电影包含过于强烈的情绪时，我会让她们把画面想象成黑白两色，而她们是坐在电影院最后一排的观众。

当客户能够舒服地观看“黑白电影”时，她们就可以增加一些色彩，并且离屏幕更近一些。

电影会持续多久？你的电影或者微电影，片长 3 分钟或更短。通常来说，电影里的关键创伤事件只会占用几秒钟。如果电影里出现了好几个创伤事件，你可以把电影分解成几个短片，尽可能清理每一个令人心烦的事件。

电影的名字是什么？根据电影内容为它起个名字。现在，就把你的创伤性事件制作成一部微电影，并给它起一个名字。

放电影法：搜索消耗你的特定回忆

首先，在头脑里播放这部电影，并对你现在的情绪强度（按照你的想象）打分。也可以这样计算：生动地想象当时的场景时，你的情感强度会是多少分。

接着，针对这部电影做几轮敲击，并重新评估情绪强度。通常你的主观焦虑评分会减少几分。

现在，在头脑里把电影再播放一遍，从一个情绪强度为 0 或很低的地方开始播放，当你感受到情绪增强时就停下来。这一点非常重要！大部分人都带着过往的心理创伤生活了太久，而忽略了自己的感觉，只是在麻木地往前走。不要再这样下去了！当我们察觉到这些引发强烈情绪的时刻，就可以运用情绪释放疗法对它们进行敲击，给自己释放过往负面情绪的机会。

再一次播放你的电影，从开头到结尾。播放过程中，只要一出现强烈的情绪，就停下来针对它进行敲击。直到你可以在头脑中平静地放完整部电影。

最后，在头脑里把电影再播放一遍，这一次把画面、声音和色彩都夸大一些。试着让自己感到心烦。如果你发现情绪强度又提高了，就马上停下来再次进行敲击！

注意，大声说出电影情节和画面，这有助于彻底清理那些情绪。如果你发现自己心烦意乱，即使程度很轻，也要马上停下来进行敲击，直到主观焦虑评分降到 0 为止。然后，继续描述你的电影。

在深入探索过往事件是如何塑造你和体重之间的关系后，接下来，让我们看一看你减肥之旅的另一方面：如果你之前减肥成功了，可能会发生什么。

扭曲减肥经验的过往事件会持续影响你的判断

阿比正处于人生中身材最好的阶段。她常常运动，饮食也很健康。万万没想到的是，阿比被确诊患有癌症。对此，她非常震惊。很快，她抛弃了健康的生活方式，这让之前减掉的赘肉很快就回来了。癌症诊断发生在几年之前。虽然她知道，并不是健康的生活方式导致癌症，但她仍然抗拒减肥和健康的饮食习惯。从某种程度上来说，她在担心这些健康的习惯会像之前那样弄巧成拙。

过往事件将持续影响我们的判断，而这些判断常常与理性思维相冲突，比如减肥和健康饮食对身体有害，而非有益。我们常把错误归因于某一时期发生的某件事，就像阿比会把癌症与健康的生活方式联系起来。

苏茜的情况也是如此。因为一位女性朋友给出的负面反馈，苏茜在自己和体重之间的关系上产生了错觉。有一次，当苏茜成功减肥时，她的朋友指责她："你是不是认为自己比其他人都棒？"这让苏茜感到孤单无助，于是体重很快就反弹了。苏茜认为，胖胖的、可以换回良好人际关系的体形，比苗条却孤孤单单的身材更值得拥有。

现在，花一点时间问问自己："我上一次减肥成功或感觉健康时，发生了什么?"把你想到的事情写下来，然后把它作为你的敲击目标。如果你什么都没有想起，也不要担心，继续下去。

如果你得到了答案，就可以对它进行敲击。刚开始时，你可以参考下面这个例子。记得在正式开始敲击之前，评估你的情绪强度。

手 刀 点：尽管上次减肥成功时，发生了糟糕的事情，但我依然爱自己，接纳自己，而且我感觉很安全。（重复 3 遍）

眉毛内侧：那件糟糕的事情……

双眼外侧：当时我的感觉那么好……

双眼下方：然后就弄巧成拙了。

鼻子下方：我不愿意再减肥了……

下　　巴：一方面，我想减肥……

锁　　骨：另一方面，我不想减肥。

腋　　下：我不想重蹈覆辙。

头　　顶：减肥让我感觉不安全。

当主观焦虑评分降到了 5 分或更低，你就可以开始几轮对积极描述的敲击。

眉毛内侧：可能这次会不同……

双眼外侧：可能这件事和体重没有关系……

双眼下方：一直和我有关。

鼻子下方：我已经从过往的经验里学到很多。

下　　巴：我得到了教训……

锁　　骨：而且从痛苦中解脱了出来。

腋　　下：这次会和以往不同。

头　　顶：这次我有能力解决，我感到安全和自信。

做个深呼吸，看看自己现在感觉如何。再测量一次情绪强度，然后继续敲击，直到完全放松下来。

有时候，随着生活中的压力越来越大，体重问题会渐渐显现。在这种情况下，我们就不需要回忆一个具体的事件或阶段，来找出肥胖的原因。这种方式是为了帮你弄清楚是什么事情在阻碍你向前迈进。如果你想不出具体的事件，在针对信念进行敲击后，你依然可以体会到巨大的转变。关于这一点，我们将在下一章讲述。

即使你不确定这一章是否和你相关，我也建议你读下去，同时完成本章节的敲击练习。通过敲击治疗，你可以挖掘出深埋心底的记忆，并快速清理它们，缓解那些可能干扰减肥进度的压力。

放下过去，美丽盛开才是最佳反击

“你很胖，如果你继续这么胖，没人会听你说话。”这是我的导师在我 20 岁时给我的建议，当时我正在他推动举办的健康和营养会议上做志愿工作。听到这番话，站在我旁边的两个同伴尴尬地低下头。而我脱口而出："我的体重并没有妨碍我，我有交往对象。"

虽然我的话并不完全正确，但那是我在意外受到言语攻击后，唯一想到的话。"那是因为你的胸部很大。"我的导师回答道。

我无言以对，想挖个地洞钻进去。但他接下去说的话才真正令我震惊："我这么说是因为，如果你想影响全世界，在演讲台上发言，那么你的身材会阻碍你向人们传递信息。台下的听众只会注意你的身材。"

当我回想起那一刻时，我发现他的话给我造成了很大的伤害，因为在他说出这些话之前，我自己也是这样想的。受到导师如此令人生厌的言语攻击后，我没有用恰当的方式表达"有益健康的愤怒"，而是承受了下来，任由那些话击垮自己，因为连我也相信它们是对的。当时，我已经被体重问题困扰多年。我承认，肥胖确实是阻碍我迈向未来的巨大障碍。

我认为自己无力改变体重，甚至无法表达愤怒，于是我用自己的方式进行反击。我告诉自己，我会证明他错了，不减肥我也能成功。如果我减肥了，那就证明他是对的，我不能接受这一点。所以，相对于用健康的方式处理自己的感受，我选择再一次用食物把它们掩埋起来。这一次，我告诉自己，不减肥是对的。我觉得我像一个斗士，在替那些因为穿不进小码裙子而备受歧视的女性维权。实际上，当尝试用食物掩盖自己的感觉时，我只会更深地伤害自己。

现在回头来想，我意识到这位导师大错特错：有许多穿不进小码裙子的优秀女性正在改变这个世界。但是，即使我证明他是错的，他的话依然对我产生了影响。

关键是要真正放下，然后采取最适合的行动。就算找到反击他的最佳方法，也永远无法拯救我。也就是说，我们要首先满足自己的需求，而不是接受或拒绝其他人的观点。

当用敲击清理伤人话语对我们造成的影响时，有时需要先分析同一事件的不同层面。一天，一位已经参加了几周课程的学员在课堂上宣布自己取得了一个重大突破。她的前夫曾对她说，因为她太胖了，所以没人会爱她。这一次，她和我们分享时说，最终她给予了自己更深的爱，而且做好准备和某个人共谱浪漫恋曲。她还说，她已经准备好“证明前夫错了”。

我马上指出，如果她认为自己需要证明前夫是错的，她就无法照顾好自己，也减不掉那些体重。她之所以会无意识地反抗减肥，是因为如果她减肥，就意味着她的前夫是对的：男人只会因为她的身材好而重视她。如果她是为了前夫而不是为了自己踏上减肥之旅，那么减肥就会像一场艰苦卓绝的斗争。我建议她用敲击疗法分析和清理她前夫对她造成的伤害。如果能够纯粹为了自己而减肥，她就能开启一段愉快而有益的减肥之旅。

我导师的话给我带来了极大的伤害，以至于多年后，我才敢和他人分享这个故事。只要回想起那句“你很胖，没有人会听你说话”，我就会不可抑制地哽咽。这段记忆对我来说太痛苦了，所以我想尽一切方法去回避它，但痛苦依然那么真实。

前面已经探讨过，如何通过敲击疗法清理伤人话语背后隐藏的情绪。即使这些伤人事件发生在很久以前，我们依然可以对它们进行针对性敲击。虽然关于伤人话语的记忆可能会让你很难受，回忆当时的情景时可能会让你出现情绪波动，但最好的处理方法就是对其进行敲击。

当你想起过去的痛苦记忆时，大脑中的杏仁核会处于高度警戒的状态，随时准备保护你免受伤害。你要做的就是训练杏仁核，让它认识到，这些记忆实际上并不危险。针对伤人话语进行敲击，就是在给自己的大脑提供新的指导，告诉它记忆已经不再具有危险性，即使想起这些话你也可以感到安全。

清理某一个重要的情绪包袱时，你通常会经历一次身体上的释放，比如哭泣或颤抖。继续针对记忆进行敲击，你会发现那些伤人话语会渐渐失去力量。对我来说，眼泪会让我平静、放松地重述那些伤人话语。而这只有我运用敲击疗法释放自身情绪力量之后，才有可能做到。

现在，让我们针对你听过的伤人的话语做几轮敲击。一边复述那些话，一边进行敲击，直到你可以平静地复述它。你可以根据自己的情况填写以下句子，创作一份属于自己的敲击剧本。它们会帮你把敲击过程变得更轻松有效。

手刀点：尽管 ________ 说了 ________，但我依然爱自己，接纳自己。（重复 3 遍）

眉毛内侧：________________________________

双眼外侧：________________________________

双眼下方：______________________________

鼻子下方：______________________________

下　　巴：______________________________

锁　　骨：______________________________

腋　　下：______________________________

头　　顶：______________________________

我们常常急于强迫自己原谅别人，因为不想承认那些话有多伤人。生气是被允许的，你可以一边敲击一边表达愤怒。除非你感觉下面的积极陈述很真实，否则不要急着开始下一轮的敲击。

眉毛内侧：那些话无法对我造成影响……

双眼外侧：除非我赋予它们力量。

双眼下方：我把我的力量收回。

鼻子下方：如果他们对我这么严厉……

下　　巴：我也可以想象他们对自己有多严厉。

锁　　骨：他们说的不是我的真实情况……

腋　　下：他们说的是自己的情况。

头　　顶：我对他们内心需要经历的一切表示同情。

拥抱你的“敌人”

用敲击疗法清理伤人话语带来的负面情绪时，如果我们引导自己对那些伤害我们的人表示同情，将有助于推进整个情绪清理的过程。如果你还没有清理伤人话语带来的负面情绪，会很难做到这一点，但并非不可能。如果你感觉自己还在抵触同情“坏人”的做法，那意味着你需要继续针对这些话语进行敲击。

我常常会用“如果他们对我这么严厉，可以想象，他们对自己该有多严厉”来给我的敲击治疗画上句号。曾有这样一位客户，她的母亲一直希望她成为一名端庄的淑女，当我们进行敲击治疗时，她才意识到母亲的自我对话该有多么严厉。

同情那些伤害过你的人，可以让你渐渐原谅他们，并用一种温暖而充满爱的方式取回自己的力量。但是，需要再次强调的是，我们常常会迫使自己太快进入同情的阶段。当你进行敲击时，请允许自己感到生气或受伤。只有当你感觉自己在复述伤人话语时，心中不会出现一丝波澜，你才可以进入同情和原谅阶段。

关注每天都在经历的日常事件

每天经历的某些事件，常常会对我们的健康和幸福产生有害的影响，所以最好防患于未然，而不是让它们随着时间积累起来。试着留意那些会令你产生情绪反应的事情和话语。不论何时，当你遭遇诸如焦虑、愤怒或伤心之类的负面情绪时，请花一些时间对它们进行敲击治疗。举例来说，你可能会经历这样的事情：在连续加班几周之后，收到老板措辞严厉的批评邮件；你火冒三丈地回到家后，只想舒舒服服地躺在沙发上吃零食，试图屏蔽世界的一切纷扰。实际上，相比冲家人发火以及窝在沙发里狂吃，你也可以用敲击疗法分析自己在收到老板邮件之后的情绪。你可以边读邮件给自己听，边进行敲击。这将帮助你在这件事产生严重的负面影响之前，就把它清理干净。

内察阶段的下一步主要关注束缚性信念。束缚性信念可能会限制你充分认识生活中的无限可能。但是，在你开始探索自己的信念之前，我建议你先进行一轮事件敲击。

放手过去，享受当下

手刀点：尽管这些事件阻碍我前进，但我依然爱自己，接纳自己，并且解放自己。（重复3遍）

眉毛内侧：进一步探索可能让我感觉难以承受……

双眼外侧：我更容易忽视自己的过去……

双眼下方：我更容易忽视这些事情……

鼻子下方：但是这些事情每天都在影响我。

下巴：人生似乎没那么简单……

锁骨：过往的这些事情压在我的心头。

腋下：可能我还可以继续探索……

头顶：慢慢地，好奇地探索。

眉毛内侧：我经历过的这些事情……

双眼外侧：我曾经用它们证明……

双眼下方：我无法继续前进。

鼻子下方：他们说过的那些话……

下　　巴：我曾经相信。

锁　　骨：所有这些过往的事情……

腋　　下：是我让它们对我产生影响……

头　　顶：是我让它们带来消极情绪。

眉毛内侧：是我自己的种种行为和心态……

双眼外侧：导致我一直无法成功……

双眼下方：我曾经用这些事情证明……

鼻子下方：我做不到……

下　　巴：我不够好。

锁　　骨：但也许我的能力不止如此……

腋　　下：我要从过去的记忆中取回我的力量……

头　　顶：感受此刻我拥有的力量。

眉毛内侧：过去那些伤人的话……

双眼外侧：曾经，是我让它们停留在我的记忆里。

双眼下方：他们说的是他们自己的情况。

鼻子下方：我消除了这些话对我产生的影响……

下　　巴：并且开始聆听自己内心的声音……

锁　　骨：那个声音将告诉我为什么我已经足够好了。

腋　　下：我将聆听自己内心的声音……

头　　顶：那个声音将指引我前进。

眉毛内侧：这些过去的事情……

双眼外侧：我会吸取教训……

双眼下方：并且消除我的伤痛。

鼻子下方：我很感激自己学到了这些东西……

下　　巴：或许我被拒绝了……

锁　　骨：但因此我可以朝着更好的东西前进。

腋　　下：我愿意探索下去……

头　　顶：过往的事情里蕴含着对未来的祝福。

眉毛内侧：那些时刻指引着我走到了今天……

双眼外侧：当我选择爱……

双眼下方：当我选择快乐……

鼻子下方：当我看到自己的价值。

下　　巴：我是如此感激自己经历的这一切。

锁　　骨：我很感激自己学到的所有东西。

腋　　下：从过去的经历中，我学到了能为我带来力量的教训……

头　　顶：并且释放了自己。

第 6 章

轻疗愈

THE TAPPING SOLUTION FOR WEIGHT LOSS & BODY CONFIDENCE

重塑积极信念，获得勇敢改变的力量

一旦形成“减肥很难”的信念，你将持续经历艰难的减肥历程。而树立“减肥可以令人感到愉快”的信念，你就更容易形成新的行为习惯，例如吃更健康的食物、有规律地运动等。

如果改变信念，态度和行为也会随之改变。

《自律力》（*Lifestorming*）

露易丝·海（Louise Hay）在全球总销量超过 5 000 万本的畅销书《生命的重建》（*You Can Heal Your Life*）中分享了一条重要人生观：“我们遇到的所有事情都可以归结为一样东西，那就是想法，可以改变的想法。”在我们开始探索信念是如何影响减肥之旅时，必须首先明白，信念就是反复出现在我们脑海里的想法。

在这一章，我们将探讨，在形体自信和减肥之旅中，信念会对我们的体验产生多大的影响，以及给我们带来多少限制或支持。例如，当一位客户告诉我，她讨厌自己和自己的身体时，实际上，她想表达的是，她讨厌自己对自己的想法（信念）。她的想法总是在说“我不够好”。这种想法，这条关于自己的信念，使她产生一种情绪，这种情绪会使她的身体产生一种压力反应，让她的信念看上去似乎是正确的。

针对信念引发的情绪和压力反应进行敲击，你就可以改变自己的信念。一旦压力反应被缓解或消除，“我不够好”的消极信念就会失去说服力。你就可以重塑积极信念，以帮助你爱自己，并勇敢积极地踏上属于自己的减肥和形体自信之旅。

从“我不够好”到“爱自己”，减肥变得轻而易举

在更细致地探讨信念是怎么回事前，我们需要先了解信念和经历之间的关系。关于这一点，露易丝·海在《生命的重建》中再次给出了完美答案：“不论问题是什么，我们的经历只是内心信念的外在表现。”换句话说，经历是信念的反映。另一种说法是，你的信念就是你为这个世界描绘的蓝图。

如果你一直认为“我不够好”，你就无法体会到真正的快乐。相信自己不够好（不够漂亮 / 聪明 / 坚强），就像是给人生做出一个判决，抹除了其他一切可能性。怀着这种消极的信念，你就会无意识地寻找支持这条信念的证据，并采取支持这条信念的行动（或避免采取其他的行动）。你会从支持这条信念的角度解读这些事件，即便这种解读会伤害你。而且，你也会无意识地寻找能“证明”你的信念的人，或被他们所吸引。

几年前，当我和朋友布伦娜分享自己的遭遇时，突然领悟到“信念创造经历”这一点。当时，我跟布伦娜说，有个男孩不经意间评价我：“如果你再瘦一点，就会很可爱。”再

一次，我被别人的残酷评论伤害了。布伦娜知道我收到过太多这样的评论，她注视着我的眼睛说："杰茜卡，这不太正常。大部分人都不会说这么刻薄的话。"

思考布伦娜的话后，我意识到自己一直以来都抱持一条信念，那就是"我不够好"。这些年来，我一直在无意识地吸引和寻找那些能证明"我不够好"的人。同时，我还发现自己拒绝和看轻人们的夸奖。只有当他们告诉我"你不够好"时，我才把他们的话当回事。

也就是说，如果你相信你一文不值，那你就会被那些真的认为你一文不值的人吸引。当你不再这样想时，你也就不会吸引到那些不尊重你的人了。相反，因为你相信自己值得被爱和支持，你就能首先给予自己爱和支持，然后结交许多爱你、支持你的朋友。

开始针对"拥有这副身体的我不够好"的信念进行敲击时，我渐渐清理了这条信念带给我的情绪和压力反应。这不是一夜之间就能完成的。我需要逐个清理所有我用来证明这条信念的事件。这个例子也证明了，我们之前介绍的敲击树包含的元素，包括症状、情绪、事件和信念常常互相联系。

接下来几周和几个月发生的事情非常神奇。我开始远离那些总是批评和充满负面想法的人，重新树立了积极信念，并结交了支持这些信念的人。我的生活开始发生转变，体重也以前所未有的速度"噌噌"地降下去。而且，这一切都是在我并没有关注体重的时候发生的。我也没有感觉被剥夺了自由或情绪受到了压制。因为我树立了爱自己的信念，所以能自然而然做出更好的决定，而不用通过节食或极端运动来减肥并惩罚身体。信任自己和自己的身体，同样能够减掉体重。我在客户身上一次又一次地验证了这个发现。当运用敲击改变对自己、自己的身体以及减肥之旅的信念后，她们纷纷讶异于减肥居然可以这么容易。

持有消极信念就像是整天戴着安有昏暗镜片的眼镜。这副眼镜让整个世界都变得可怕而危险。但是，摘下昏暗的眼镜，换上一副镜片透明清晰的眼镜（树立积极的信念）后，我们的世界就变得更加明亮而富有生气。突然间，一切都充满希望，我们也能够自然而然地舒服地生活了。

虽然消极信念会带来巨大的伤痛，但我们并没有学会评估这些信念。不论这些信念是我们从周遭环境中吸收获得的，还是由父母传递给我们的，它们常常伪装成事实的模样。尽管在青少年时期，我们会质疑权威以及听到的所有信念，但随着逐渐长大，我们倾向于主动适应社会的观念，并认为它们就是这个世界的真实样貌。更危险的是，我们会认为，这就是我们真实的样子。

想要改变信念，我们首先要学会质疑一直以来看待世界和自己的方式。当我们一边思考某条信念，一边进行敲击时，支持这条信念的情绪就会发生变化。这时候，我们就能退后一步，问问自己："这条信念是真实的吗？"这样，我们就可以自由选择更有力量的信念，以支撑我们创造理想生活（并实现减肥目标）。

"改变信念就可以改变人生？"最初，你可能会抗拒并不相信这种观点，可能会认为自己拥有很多可以证明自己手持真理的证据。对于大部分刚开始减肥的人来说，我们从来没有试过不苛责自己，不计算卡路里，不节食，不强迫自己进行极端的、自我惩罚式的运动。我们相信不这样做就不可能瘦下来。所以事实就是，你没有站在真理那边，你的信念可能出错了。这就是真实发生的事情，所以为什么要假装它们没有发生呢？

我们感受到的抗拒，最常植根于消极信念引发的压力反应。如果不运用敲击清除那些压力反应，我们就无法创造属于自己的新经历。举例来说，如果我们认为减肥的过程不可能是愉快的，那么我们就真的不可能愉快地减肥。通常而言，当客户了解到，她们的信念只是一些可以改变的想法时，就会逐渐察觉那些消极信念的不合理之处。但她们常常会说："我知道那个想法不是真的。我甚至不想去相信，但每次想到它时，都感觉是如此真实。"

我们在上一章里分享了阿比的故事。阿比在被确诊患有癌症时，产生了一条消极信念，即减肥和健康的饮食导致她得了这个病。阿比知道实际情况不是那样，但就是摆脱不了这个想法。针对信念背后的情绪和压力反应进行敲击后，她终于彻底放下这些念头。**相同的方法适用于每个人：除非清理消极信念背后的情绪和压力反应，否则我们无法完全放下这些信念。**

释放消极信念的第一步，就是辨认出这些信念。为了辨认出消极信念，我们要学会质疑一切，包括认知中的"事实"。"事实"是我们下一步要着手敲击的部分。现在，花一点时间问自己以下这些问题，如果把问题和答案写下来会有更好的效果。

- 我是否在反复咀嚼他人的负面反馈，以支持自己的束缚性信念？
- 我是什么时候发现自己不够好 / 美 / 聪明的？
- 我正在用什么证据支持自己的消极信念？

打破记忆的牢笼，收获隐藏的祝福

开始辨认束缚性信念时，我们常会发现它们的数量惊人，且散布于生活的各个领域。随着时间的推移，我们以这些信念为基础，编写了一个更庞大的故事，并用这个故事告诉自己，“我是谁”“我可以做到什么”。运用敲击疗法清理束缚性信念后，我们就可以撰写全新的故事，并以自然和舒适的方式取得惊人的进步。

当洛丽挖掘自己的故事，运用敲击疗法清理消极信念时，她体验到了这种方法的神奇效果：“我从痴迷于减肥，变成痴迷于自爱。我意识到，关键就是自爱。我一直在寻找好好照顾自己的方法。突然间，运动和健康饮食变得令人感到满足而兴奋。当我改变关于减肥方法的信念并改变对于自己的看法时，减肥和照顾好自己就变成一件简单而有趣的事情了。”

正如在上一章中你用讲故事的方法清理过往事件的影响一样，你也可以运用相同的方法清理束缚性信念。你可以一边讲述你的故事，一边敲击。清理消极信念，树立新的、健康的、积极的信念，是你为自己和减肥之旅提供的最大支持。

这套练习的第一部分需要我们拿出纸笔写一点东西，然后再开始敲击。首先，把下面的两句话补充完整。这两句话将帮助你看到自己的束缚性信念。

- 我不能减肥/让身材苗条下来，是因为……
- 我想减肥，但是……

你补充的部分就是你持有的信念。那些信念就是你的敲击目标。当你找出一条束缚性信念，请大声读出来，然后问问自己："现在，这条信念的真实度如何？"按照 0 ~ 10 分的标准，给它打分。如果它听起来就像是事实，那就打 10 分。接下来，一边说出自己的故事，一边进行敲击。以下描述语可以帮助你完成练习：

> 尽管我相信______（在这里填写自己的信念），但我依然接纳自己以及自己现在的感觉，而且我愿意寻找新的思考方式。

在本章接下来的部分，我们将探索你故事里的束缚性信念，然后学习如何针对这些信念进行敲击。

我的客户常告诉我，对自己一直以来坚信的事件进行敲击后，她们开始用全新的方式看待生命。她们意识到，自己已经用大量的事件证明了自己的束缚性信念。运用敲击疗法清理陈旧的信念后，她们得以用全新的眼光看待过往事件，甚至从中学到珍贵的教训，收获隐藏的祝福。为了更深入地挖掘你的故事，你需要挖掘你持有的和你的遗传特征、你的身体以及你的减肥之旅有关的所有信念。

瘦不下去，是因为有肥胖基因？

玛乔丽生长的苏格兰小岛人口不足 100 人。她是家里的异类，从小时候起，她就是 7 个兄弟姐妹中唯一一个超重的孩子。家人都说，这是因为玛乔丽从姑姑那里继承了“坏基因”，她姑姑也身形肥胖。“感觉就像自己抓住了基因库里最糟糕的那个基因。”玛乔丽说。那些“坏基因”成为身体的一部分，成为一个她无力改变的事实。

许多家族中普遍存在体重问题的人也指出，是基因导致了肥胖。“看，我们都是这个样子。”之所以会责怪基因，是因为我们厌倦了责怪自己，而且节食耗费了我们太多精力。但是，把肥胖归咎于基因，不仅不科学，而且剥夺了我们改变自身的能力。

我们像责怪汽车无法开动一样责怪身体，实际上，我们从没给汽车加过油，也没有悉心维护过它。我们不需要把减肥失败的责任推给任何人或任何事，关键是从现在开始，用好奇心取代责备。在参加我的课程几个星期之后，玛乔丽就开始这么做，而且取得了令人兴奋的突破。

针对关于身体的信念进行敲击后，玛乔丽意识到，自己的家庭很喜欢用食物表达爱。例如，她的姑姑喜欢烘烤食物，并把它们高高地堆在客人的盘子里，以表达关心。于是，玛乔丽意识到，自己一直在吃被“烤”成曲奇饼干、烤饼、松饼和蛋糕的“爱”。

研究普遍存在超重问题的家族时，我们要看的不是基因，而是了解他们的饮食习惯。我们也可以反躬自问，无意之间，我们在食物和体重方面抱持怎样的信念。当我们不再责怪身体时，就可以改变情绪、压力水平、行为和身体的运作方式。

基因显然发挥着一定的作用，但是，如果相信自己无法控制基因造成的影响，我们就很容易放弃，并且向不健康的、符合我们消极情绪的习惯妥协。请相信，你自己对基因的影响程度超出你的想象。下面，就让我们看一看这个观点背后的科学原理。

“我们可能要错过航班了”，我对尼克·波利齐轻声说道。他是纪录片《轻疗愈》的导演，也是我兄长尼克多年的密友。

“我知道，”他回答说，“但这很值得。”我点头同意他，很高兴可以继续访谈下去。

几小时前，我们到了布鲁斯·利普顿（Bruce Lipton）的家里，准备与这位备受赞誉的科学家和畅销书作家进行一小时的访谈。我们原本想象布鲁斯会像普通科学家那样保守而拘谨，但从访谈一开始，他就不断带给我们惊喜。

布鲁斯的家在圣何塞山上。访谈那天，他身穿 T 恤和运动短裤，站在门口微笑着迎接我们。在我们准备拍摄设备时，布鲁斯对我说：“你们准备好了告诉我一声，我要换件更精致的衬衣。”我很惊讶他这么随性友善，和想象中的穿着实验室白袍的科学家形象完全不同。

访谈之前，我做了相关调查，知道布鲁斯的研究让我们重新认识了信念对身体的影响。1967 年，在大部分人还对该领域无知无觉的几十年前，布鲁斯就开始进行干细胞研究。欧文 · R. 哥尼斯堡（Irwin R. Konigsberg）博士是布鲁斯在攻读细胞发育生物学博士学位时的导师，也是最早成功克隆干细胞的科学家之一。在此期间，布鲁斯开始了这方面的研究。从那之后的几十年间，布鲁斯进行了大量开创性研究。他向我们展示了，基因不能用来预测健康、成功、幸福或体重。

实际上，基因表达（Gene Expression，细胞在生命过程中，会把储存在 DNA 序列中的遗传信息经过转录和翻译，转变成具有生物活性的蛋白质分子。——译者注）的基础是环境。环境不仅仅指实实在在的物质环境，也包括情绪和信念。换句话说，我们可以通过改变信念、压力水平和营养摄入，改变细胞发育和运动的方式。

我们在布鲁斯家里待了两个半小时才离开，那是一段充满惊喜的时光。为了拍摄纪录片《轻疗愈》进行的一系列访谈中，我最喜欢这一次。和布鲁斯聊天非常有趣，到谈话快结束时，尼克和我都感觉自己就像是吸收了大量新知识之后膨胀了的巨型海绵。

而因为已经错过了回家的航班，尼克和我只能开 6 个小时车到洛杉矶赶另外一班飞机。我们在路上详细讨论了布鲁斯的研究，一致觉得这个想法真的很棒：我们的信念、情绪、压力和营养状况可以改变细胞的运作方式。

布鲁斯的研究告诉我们，我们不是基因的受害者，而是自己思想的产物。按照这个思路，只有很少的、偶然的例子证明，基因在成功减肥的过程中发挥着重要作用。布鲁斯的研究赋予了我们改变自己生活的力量，例如创造更轻松、更令人快乐的减肥之旅，也使我们无法再把减肥失败的责任推给“糟糕的基因”。现在，花一点时间想一想，你为自己和自己的细胞创造了怎样的内在环境。你的身体生活在充满爱和营养的环境中，还是自我憎恨和惩罚的环境中？你可以把你的思考写下来。

记住：思考这个问题不是为了把过去多年减肥失败的责任怪罪在任何人或任何事身上，包括你自己。现在的重点是探索你的信念、内在环境正如何影响着你的减肥之旅。接下来，当我们开始探索减肥相关的信念时，在心里记住这些问题和自己的答案。

敲除“减肥很难”的信念，找到重塑身体的乐趣

“我真的想减肥，但这好像不值得我付出那么多努力。”波莉来上第一堂课时这么说。波莉一直认为，减肥和保持苗条的身材需要节食和付出艰辛的努力。在经历了数周和数月的节食与辛苦运动之后，体重确实会下降，但即使身材苗条了，波莉依然不能享受生活。波莉总是在计算卡路里和运动的时间，时刻担心体重反弹，而这又往往难以避免。因此，只要波莉还想减肥，她就必须忍受随时需要重来一遍的痛苦。和减肥相关的一切，从来没有让她开心过。

波莉不是唯一怀有这种束缚性信念的人，她们相信，必须付出艰辛的努力并不断节食才能减肥成功。如果你相信要减肥就必

须承受痛苦，否则就瘦不下来或者体重反弹，那我会再说一遍：当身体被充满压力的内在环境限制，它就不可能健康地成长。

而我的网络减肥课程的学员反馈给我的最多的信息是："我正在减肥，而且不觉得自己被压迫了！"她们的经历很棒，但是为什么我们会因为没有压迫感的减肥而震惊呢?

因为节食时，我们通常不会理会自我破坏行为背后的信念和情绪。从很多方面来看，节食都将引导我们走向失败。仅仅依靠节食和运动来减肥时，意志力是我们唯一的动力来源，这让减肥之旅异常艰难。

一旦形成"减肥很难"的信念，你将持续经历艰难的减肥历程。而树立"减肥可以令人感到愉快"的信念，你就更容易形成新的行为习惯，例如吃更富有营养的餐点，并且有规律地运动等。现在，花点时间想一想你怀抱着怎样的减肥信念，然后针对这些信念做几轮敲击。

为了分析你的减肥信念，问问自己这个问题："如果塑造健康、强壮的身体可以变成有趣的、愉快的体验，又会怎么样？"

这个想法会让你一笑置之或是大翻白眼吗? 它会让你焦虑或愤怒，或沮丧吗? 不论你有抗拒、自责、好奇、兴奋还是其他什么情绪，都把它们写下来。你可以把这些情绪当成敲击对象，也可以直接针对你的减肥信念进行敲击。

为了找到这些情绪背后的信念是什么，问自己以下这些问题，然后把答案写下来。

1. 你对自己的基因和身体持有什么信念？

a. 这是我的遗传特征

b. 我的新陈代谢速度很慢

c. 我的身体正在和我作对

d. 其他：____________

2. 对于保持健康、强壮的体魄，你持有怎样的信念？

a. 如果这不难做到，那说明我现在做错了

b. 我得少吃东西

c. 我得吃得很讲究

d. 我得承受很多痛苦

e. 我得好好计算所有食物的卡路里

f. 我需要批评自己，“洗心革面”，让自己变得更健康

g. 其他 ______________

后文中，我会教你如何针对这些信念进行敲击。现在，我只希望你先辨认出自己持有的信念。

你是如何评判他人的？

莉萨至今铭记，中学时，当那些苗条的女生把矛头转向她时，自己感觉有多受伤。她们似乎总是能从嘲笑莉萨的体重中获得很多快乐。这似乎是她们最爱的业余消遣。

针对中学时的记忆进行敲击后，莉萨慢慢释放了在心底压抑

多年的痛苦。在这个过程中，莉萨也意识到，自己在中学时形成了一条信念：所有苗条的女性都很刻薄。当意识到自己因为不想成为“她们的一员”，而无意识地破坏自己的减肥努力时，莉萨非常震惊。

我们对他人尤其是对其他女性的评判，常常会暴露自己一些不可告人的小秘密。不论是与闺蜜诉说，还是藏在心里，这种对他人的评判都会让自己痛苦和羞耻，因为这些评判隐秘地反映出我们对自己的看法。

我们告诉自己，并不是我们想要痛苦和羞耻，而是多年的经验让我们不由自主地得出了这些结论。继续探索下去我们会发现，对自己的评判恰恰反映了我们的信念，正是这些信念导致我们采取了自我破坏行为。

我还记得，多年前，不论何时看到身材苗条的女性跑步，我都会大翻白眼。我不理解为什么明明没有东西在身后催促她们，她们还要运动。于是我认为，身材苗条的女性都是自大的家伙。

实际上，我很苦恼自己没有携带“喜欢运动”的基因。所以，如果我的身材没有她们的那么好，但至少我可以评判她们。不知为什么，评判她们让我感觉自己更加强大。最终，我意识到，这些评判反映了我的束缚性信念，并阻碍我成功减肥。

是否真的有些身材苗条的女性，高傲、刻薄而且讨厌运动？当然有。但是，也有超重的女性同样高傲、刻薄、讨厌运动。地球上有几十亿人，我们怎么可能仅凭体重就知道他们的品格呢？

评判他人，就相当于告诉你的潜意识，如果你变成那样就是不安全的，因为你可能会被别人评判。所以，当你根据某人在社交网络上发布的一张照片评判她，认为她的生活一定过得很轻松，你就是在告诉自己，如果你的生活变得很轻松，就会被他人评判，就是不安全的。然后，你就会无意识地继续让自己过得很艰难，以证明自己的价值。当你看到某人比你更有钱更健康时，不要评判她，而是让自己保持好奇，像对待朋友一样和她交往。问问她保持健康的动力是什么。更重要的是，鼓励她。你越是向她表达赞美，你就越能为自己创造相似的成功。

现在，花一点时间想想自己是如何评判他人的。请想一想，当你在商店排队、在会议上、在和邻居相处或是遇见朋友时，心里都是怎样草率评判的。你批评他人的次数比表达夸奖和欣赏的次数多吗？你更倾向于根据他人的外表，还是他人的言论、行为推测他们的真实模样？

你是如何评判他人的？

我的客户发现的一些常见信念，或许可以帮助你看清自己是如何评判其他女性的。如果其中任何一条符合你的情况，就把它记下来。其他不在列表中的信念也可以记下。

评判：她长得这么美。她肯定很高傲。

你的潜意识听到的是：我永远不能感觉自己很美，否则人们会认为我很高傲。感觉自己很美是不安全的。

评判：她可能很苗条，但至少我很讨人喜欢。

你的潜意识听到的是：要么拥有苗条的身材，要么讨人喜欢——鱼和熊掌不可兼得。

评判：她的生活一定过得很轻松，因为她很瘦。

你的潜意识听到的是：如果我很瘦，或如果我的生活变得很轻松，别人就会看轻我的价值，并且评判我。变瘦是不安全的。让生活变轻松是不安全的。

当你写下自己对他人的评判后，你可能会发现，新的一天中你又会做出新的、不同的评判。不必灰心丧气或是感到羞耻，也不用责备自己。你越是清楚地意识到自己是如何看待他人的，就能越快地辨认出自己的信念，然后针对它们进行敲击，早日为自己和生活带来积极的改变。在上文，我们已经探索了自己是如何评判他人的。现在，来看看我们对自己持有怎样的信念。

你是如何评判自己的？

一旦体重增加，伊莎贝尔就会非常沮丧，然后对自己说："老天，我真是太蠢了！我知道应该做些什么，但不明白为什么就是做不到。"有一天，我问伊莎贝尔，为什么她这么快就断定自己很愚蠢。当我们针对这条信念进行敲击时，她想起了自己的童年。

从 8 岁起，伊莎贝尔就开始在父亲的办公室里帮忙。她的父亲是一名医生，每当小伊莎贝尔犯错时，他就会说："什么？你是不是很蠢？"父亲的话深深地印在了伊莎贝尔的心里。等她长大后，每当自己犯了错，她就会骂自己愚蠢。随着时间的推移，伊莎贝尔减肥失败就成了她犯下的最大的"错误",时刻提醒着她是多么愚蠢。

随着我们一起做了几轮敲击，清理了伊莎贝尔记忆背后的情绪、压力以及她所持有的"你很愚蠢"的信念后，她的心情逐渐开朗了起来。用敲击清理她的信念所引发的情绪后，我们继续一边敲击，一边互相问对方："什么，你是不是蠢？"直到她能够轻松回答说："不是,但谢谢提问。"突然间,她"不成功减肥就很蠢"的旧信念失去了力量，而且在我们相互问了几次"什么，你是不是很蠢？"之后，两个人都哈哈大笑起来。

当开始探索自己是如何评判自己时，我们常常会对一直以来持有的信念感到震惊。这些信念往往是："你太蠢了。你是个胖子。你没有自控力。你什么都做不好。任何事情你都坚持不下去。你永远也不够好。"正如我的客户说的那样："我最重要的'幡然醒悟'的时刻，是当我意识到如果有人用我对自己说话的方式对我

5 岁的女儿说话，我一定会一拳打倒他们，但为什么我要用这种方式对自己说话呢？”

有时候，进行日常对话时，我们对自己的信念也会不经意地冒出来。有一天，我正在和朋友一起拍摄视频。她一边努力竖起台灯，一边嘟囔：“我太蠢了。”我想都没想就喊了出来：“嘿！不许这样说我朋友！”我们互相看了一眼，然后开始大笑。她边笑边指着我说：“接得好！”我们需要尽力“挖”出自己在这类时刻的信念。

如果你把吃一块曲奇饼干或赖掉一次运动当成一个错误，你就是在强化自己的消极信念，比如“我做什么事都坚持不下去”“我永远也减不了肥”“减肥是不可能的”等。这些信念会把你束缚在旧时的自我贬低模式中。一旦你发现自己陷入自我贬低模式，但你仍然认为自己是聪明、健康和有价值的，就会迅速地塑立积极的信念，然后做出更好、更有力的决定。

所以，犯错时，你会对自己说什么？如果是消极的自我对话，你就更有可能做出糟糕的决定。因为情绪化进食而责备自己，无法终止自我贬低模式，如果相信这些消极信念，我们就会继续用吃饼干或不去运动来证明自己的观点，继续重复相同的坏习惯，因为那符合我们的信念。**如果我们对自己持有的信念是积极的，就不需要评判某一次的大吃大喝，取而代之的是迅速翻过这一页，做出更好的决定。**

“我是”（I am）这两个字是人类语言中最强有力的字眼。如何完成这个句子，决定着我们的命运。

消极的自我暗示会让你更灰暗

认知神经科学家萨拉·本特松（Sara Bengtsson），在大学生群体中做了一项研究。研究中发现，期待和表现之间存在联系。研究人员将这些学生随机分成了两组，其中一组接收到的是肯定的词汇，例如聪明、智慧以及机灵；第二组接收到的是消极的词汇，例如愚蠢和无知。然后，研究人员安排这两组学生进行一场相同的测试，结果显示，在测试前接收到积极词汇的那组学生取得了更好的成绩。

真正有趣的是表现更好的小组对犯错的反应。当接收到积极词汇的小组意识到自己犯了错误时，他们的前额叶皮层——大脑中与自我反思及回忆相关的区域，会变得更加活跃。而测试前接收到消极词汇的小组在犯错时，大脑活跃程度则没有增强。

换言之，每个小组学生对自己所持有的信念，会在很大程度上影响其对犯错行为的反应：大脑变得更加活跃，然后下一次做出更好的决定，或保持原样，毫无进步。

你的自我对话也是如此。如果你在心里骂自己“肥”或“蠢”，那就是在创造一种消极的期待，然后大脑会指引你采取行动实现这种期待。当你做出了并不支持目标的决定时，你的大脑就会屈服于那些消极的束缚性信念。

爱自己的身体，你的身体比你想象中更加爱你

在多年的减肥过程中，我们中有许多人把自己的身体看成敌人，它们必须努力奋斗才能赢得我们的爱。因为这副身体不够美，而美的标准又非常严格，所以它成为我们持续痛苦的来源，是我们无法隐藏或改变的失败证据。我们的身体看起来实在太糟糕，拥有这样的身体不可能快乐起来。我们告诉自己，“你需要先减肥，等变瘦之后，你才能快乐地享受生活”。

事实上，是我们自己阻碍了减肥之旅。我们已经知道，想达到持久的减肥效果，感受形体自信，首先需要学会爱自己和自己的身体。让我们先探讨一下我们可能对自己身体持有的消极信念。尽管你可能对身体持有许多不同的消极信念，但我将先集中谈一谈我的客户和学员持有的两种最普遍的信念。

- 我的身体没什么值得欣赏的地方。
- 成功减肥之后，我才能过上快乐、精彩的生活。

自卡莉记事以来，她就一直持有这两条信念。她对于减肥的努力一直不见效果，于是几年前，她接受了一场非常昂贵的胃分流手术。手术后，卡莉的体重确实有所下降，但一年后，又回到了手术前的水平。别无选择的卡莉决定参加我的课程。

当卡莉分享自己的故事之后，我可以很清楚地知道，一直以来，就是这些消极的身体信念在控制她。

多年来，卡莉一直是自己生活的局外人。即使很爱游泳，她也没有和自己的孩子一起游过泳。因为游泳需要穿泳衣，而几年前卡莉就决定，减肥不成功就不穿泳衣。

一天，卡莉针对“我的身体没什么值得欣赏的地方”这条信念进行了敲击。之后，她发现，她的内心突然发生了巨大的转变。在一千克都没减掉之前，卡莉就跟我说，这是她成年以来第一次真正想要爱和感激自己的身体。“它为我付出了那么多。”卡莉说道。

不久之后，卡莉就买了一套泳衣，带着孩子高高兴兴地去游泳了。在接受敲击治疗之前，她觉得完全不可能带着这副身体去游泳，甚至光是想到这一点就觉得可怕。在和我一起针对这些信念进行了几天的敲击治疗之后，卡莉发给我一封邮件。她写道：“我感觉很神奇，感觉自己充满勇气！这种快乐的感觉让我感动得哭了。感谢你！”

改变自己的信念后，卡莉带着孩子游了好几次泳。而且，她兴奋于生活变得如此精彩。据我所知，卡莉和姐姐约定要进行一次 5 000 米赛跑。她还剪了短发，换了个造型。好几年前，卡莉就想剪短发，但一直不敢这么做。

曾有多少次，我们因为挑剔和不安全感而停滞不前？泳池一直在那儿，快乐也一直在那儿。卡莉之所以发生如此大的转变，只是因为她开始相信自己现在就值得拥有快乐，过上精彩的生活，而不是等到成功减肥之后。相信在之后的人生中，她也能轻易突破阻碍收获幸福。想一想信念是如何影响你的生活的。这些信念是否不仅使你在形体自信和减肥之旅中停滞不前，也阻碍你真正活出精彩、享受人生？

弄清楚你持有的束缚性信念后，是时候进行敲击了。请首先针对某一条束缚性信念进行敲击。然后，当你可以平静地说出那条信念时，就可以进行积极描述的敲击，用强大的积极信念替换旧的束缚性信念。最开始，大声说出或在头脑里说出你的信念。例如“减肥是一场艰苦的战斗”,“我的身体没什么地方值得欣赏”。

问问自己，如果要给这些信念打分，10分代表你感觉完全是真的，0分代表你基本不相信这种说法，那么你会给它们打几分？说出一个分数，然后一边陈述这条信念，一边开始敲击。

手刀点：尽管我的身体没什么值得欣赏的地方，但我依然爱自己，接纳自己。（重复3遍）

眉毛内侧：我的身体没什么地方值得我去爱……

双眼外侧：我不爱它的模样。

双眼下方：所有的地方都不够好。

鼻子下方：我感觉身体在和我作对。

下巴：要是我从小就拥有另一副身体该有多好……

锁骨：真不公平。

腋下：我的身体没什么地方值得我爱……

头顶：我一直对自己诉说着这个故事……

当最初敲击目标的主观焦虑评分降到了 5 分或更低，你就可以继续做几轮积极描述的敲击。

眉毛内侧：我的身体一直以来都做得很好……

双眼外侧：在如此苛刻的内在环境之下……

双眼下方：它每天都为我付出那么多，而我从没有感谢过它。

鼻子下方：我的身体做了生存所需要做的事情。

下　　巴：现在，我给予身体爱和支持，让它健康成长。

锁　　骨：我创造了一个充满鼓励和支持的内在环境。

腋　　下：我的身体很美。

头　　顶：我很感谢自己的身体。

做个深呼吸，留意你现在的感觉。再次评估自己的主观焦虑程度，然后继续敲击，直到完全放松下来。

问题描述语越具体越好

正如我们在第 2 章探讨过的，当你进行敲击时，问题描述语要尽可能具体。以下是你针对自己的信念进行敲击时，可以提问的问题：

- “谁让我形成了这条信念？”

- ⊙ “我是何时形成了这条信念？”
- ⊙ “这条信念会让我的身体产生什么样的感觉？”

你可以一边敲击，一边大声说出自己的答案，或是在脑海中默念。

照理说，如果消极信念和感觉符合我们真正的样子，我们就会感到平静。但实际上，我们的消极信念让我们非常痛苦。那是因为它们并不真实，所以我们才会不开心、不愉快。这个观点是《完整记忆》（*Remembering Wholeness*）的作者卡萝尔·塔特尔提出的。我曾代表情绪释放疗法世界峰会采访过她。当我第一次听到这个观点时，简直如醍醐灌顶。

试想一下，如果你真的不够好，如果你的体重问题真的是基因造成的，而且从生物学上来说减肥是不可能实现的，那么你就会心安理得地服从这些信念，就会平和地面对它们，因为它们符合你原本的样子。而你之所以会对自己的信念感到不满，而且为它们所苦，是因为它们并没有反映出你真实的样子。所以，不要害怕那些痛苦的感觉，它们只是在提醒你，你的信念已经开始偏离自己真实的样子了。

当你开始用敲击疗法清理消极信念和情绪时，新的故事，一个符合你真实样貌的故事，就要开始了。在新故事里，你会清晰地看到和感觉到全新的东西。你会发现自己足够好，且很有价值。你将会看到你拥有惊人的力量，可以创造梦寐以求的生活，且不必承担痛苦或剥夺自己的任何权利。你的减肥旅程将变得简单许多，你的生活会与之前大不相同。

新故事通常是在敲击过程中开启的，但我们常常要过很久，在最意想不到的时刻，才会意识到它的重要性。有一天，我的一位客户在和丈夫逛街购物时，突然留意到这种转变。她一直都很讨厌镜子里的自己。这天，她惊讶地发现一个全新的自己。“哇，我看起来真美。”她说了出来。她的丈夫微笑着给了她一个吻，对她说：“亲爱的，我知道。这些年来我一直都是这么对你说的。”在一起这么多年，她第一次真的把丈夫的夸奖听进去，而且第一次由衷地感觉自己很美。她的人生已经被改写，且充满无限可能。

当我们允许自己创造新的、更符合自己真实相貌的信念时，这些美妙的变化就会发生。当你这么做的时候，这些事情也会降临在你身上。

放下束缚性信念，创造赋予自己力量的信念

手 刀 点：尽管一直以来，我持有的信念都让我停滞不前，
但我依然爱自己，接纳自己。（重复 3 遍）

眉毛内侧：所有这些束缚性信念……

双眼外侧：我认为它们是事实。

双眼下方：这些信念中有许多是从我父母那儿得来的

鼻子下方：有些是从我周围的环境中吸取的……

下　　巴：如果有什么事容易做成，它就不值得去做……

锁　　骨：我的运气就是不好……

腋　　下：我有糟糕的基因……

头　　顶：我做什么都坚持不下去……

眉毛内侧：这些旧的信念……

双眼外侧：我一直在向自己重复。

双眼下方：这些信念不具有力量。

鼻子下方：我一直在赋予它们力量。

下　　巴：我允许自己质疑一切。

锁　　骨：这些信念是真实的吗？

腋　　下：我真的相信这些信念吗？

头　　顶：我要保持开放心态和十足的好奇心。

眉毛内侧：从逻辑上讲，我知道它们不是真的……

双眼外侧：但是，它们感觉像是真的。

双眼下方：承认这种感觉……

鼻子下方：我已经拥有这种感觉太久了。

下　　巴：我以为我就是这个样子……

锁　　骨：但这是一种感觉……
腋　　下：而感觉可以改变。
头　　顶：即使我有这种感觉，我还是接纳自己。

眉毛内侧：当我花时间留意这些信念……
双眼外侧：我逐个针对它们进行敲击。
双眼下方：我有能力选择自己相信什么。
鼻子下方：如果旧的信念悄然出现……
下　　巴：我就会针对这条信念引发的情绪进行敲击。
锁　　骨：我感到平静和自信……
腋　　下：我记得它只是一个想法。
头　　顶：然后我选择另一种不同的想法。

眉毛内侧：我有意识地选择自己要相信什么。
双眼外侧：我相信保持健康能为我带来力量。
双眼下方：生活就是用来尽情享受的。
鼻子下方：健康是快乐的表现。
下　　巴：我可以实现自己的目标。
锁　　骨：我的身体在支持我。
腋　　下：我要对所有这些事情表示感激。
头　　顶：我拥有活出非凡人生需要的所有特质。

最后这一轮敲击，请你把描述语填写完整。现在，你将选择对自己持有什么样的信念？

我是 ______

- 自信的
- 果断的
- 够格的
- 智慧的
- 充满热情的
- 坚强的
- 不可阻挡的
- 有价值的

眉毛内侧：我是 ______

双眼外侧：我是 ______

双眼下方：我是 ______

鼻子下方：我是 ______

下　　巴：我是 ______

锁　　骨：我是 ______

腋　　下：我是 ______

头　　顶：我是 ______

轻疗愈
THE TAPPING SOLUTION FOR WEIGHT LOSS & BODY CONFIDENCE

第 7 章

释放体重背后的伤痛

紧盯体重的人，反而常常减肥失败，为什么呢？因为大多数时候，体重只是症状，而不是真正的核心。继续深挖，我们就会发现，真正阻碍我们减肥和获得形体自信的，是那些难以言说的隐痛。

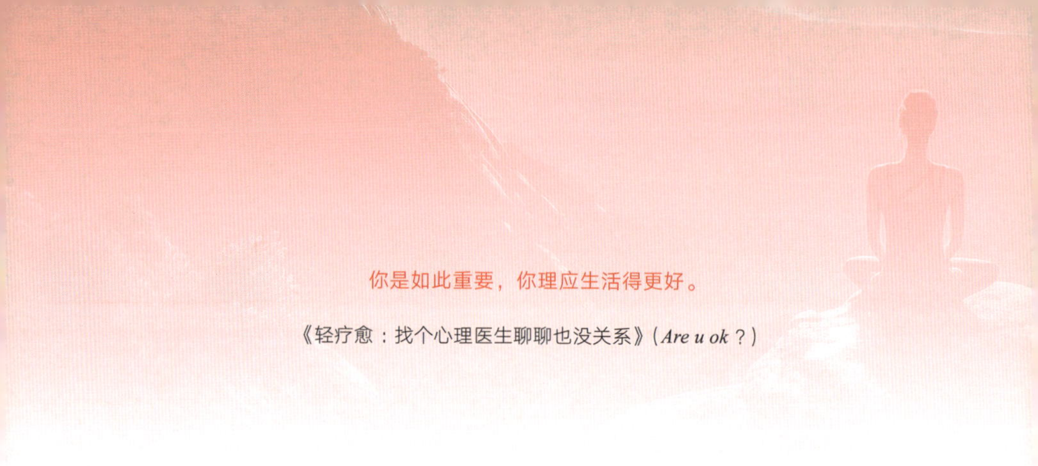

你是如此重要，你理应生活得更好。

《轻疗愈：找个心理医生聊聊也没关系》(*Are u ok*？)

在减肥过程中，最难理解的一件事就是，体重其实只是症状，而不是真正的问题。当客户听我这么说时，她们会立刻回答：“但是，体重仍然让我开心不起来”“我太胖了，所以不能参加高中同学聚会”，或是“我这么胖所以才没人约我，找不到男朋友”。

减肥失败的人会把所有问题都归咎于体重，用这条信念把自己包裹起来，回避探索体重背后真正的问题。继续深挖，我们就会发现，真正阻碍我们减肥，阻碍我们获得形体自信的是体重背后的伤痛。

我们甚至还会发现，体重其实一直在保护我们，让我们获得某种层面上的安全感。如果能够疗愈体重背后的伤痛，我们就不再需要体重来“保护”自己，就会意识到自己真正的潜能。这不仅能帮助我们瘦下来，还将让我们过上理想中的生活。

不过，探索体重背后的伤痛之前，我们需要先退后一步，弄清楚自己和身体之间的关系。

超重状态，可能是身体在保护你

相信大家都有被割伤过的经历，体会过伤口渗血的刺痛。但我们往往意识不到，身体会多么迅速地做出反应，促进伤口愈合。实际上，在我们痛得甩手之前，伤口周围的血管就已经开始收缩，减少流向伤口的血液；血小板会迅速聚集，形成凝块，并与凝血蛋白结合，阻止血液流出。在接下来的几个星期里，身体会夜以继日让伤口愈合。

我们感谢过身体所做的这一切吗？很多人的答案是："没有。"大部分人都认为自己在身体上花费了太多时间和精力，而忽略了身体一直在多么努力地支持我们。敲击的疗愈能力如此强大是因为，它缓解了干扰身体恢复和疗愈的压力。其中，我们面临的挑战是，不管是有无意识地还是无意识地，当我们告诉自己"减轻体重是不安全的"时，身体就会根据头脑发出的信号采取行动，维持现有体重。这是身体在保护我们。

探索身体和潜意识的原始本能时，我们常常忽略这一点，即保持超重状态可能是身体自我保护的一种方式。

在清除导致身体自行保持超重状态的情绪之后，乔恩·加布里埃尔（Jon Gabriel）减掉了100千克。他在畅销书《加布里埃尔的方法》（*The Gabriel's Method*）中描述了安全感和体重之间的联系：

如果你目前体重超标，你的身体就会相信减肥是不安全的；它会努力维持体重，保护你的生命。当你的身体认为减肥是安全的，或是认为变瘦会更安全时，你的身体就会推动你去减肥。因此，你需要遵循身体的自然规律而不是反其道而行。如此一来，你就可以自然而然地、轻轻松松地甩掉多余的体重。

自作品出版以来，加布里埃尔就一直在向大众解释，敲击疗法是如何帮助他成功减肥的：与我合作过的超重者中，至少80%的人体重增加的原因之一是情绪或过往的创伤。所以，敲击疗法人人适用，是最简单、最有效的工具，效果立竿见影。

为了更深入地探索体重是如何保护你的，我们需要了解是什么导致潜意识把保持体重视为安全的来源，或者说，把体重下降视为威胁。

保护你不被某个人或某段关系伤害

体重常常是保护我们远离“不安全”的人或群体的屏障，这是卡萝尔提出的猜想。多年来，因为工作的关系，卡萝尔每隔几年就需要调去新的城市。她发现了一个有趣的规律：她的居住地离母亲家越近，她的体重就越重。卡萝尔认为，她的母亲是“能量吸血鬼”（有意无意吸取他人正面能量的人。——译者注）。

通过敲击，卡萝尔意识到，自己要关注的不是体重，而是对母亲的愤怒。卡萝尔的身体一直把体重当成防护屏障，保护她的能量不被母亲“吸干”。

当我们感觉减肥不安全时

正如我们探讨过的，在减肥与形体自信之旅中，很重要的一点是反复确认超重的益处是什么。我们常常意识不到体重在满足我们的某种需求，帮助我们逃避不愿意面对的情绪的伤痛。在意识层面，我们非常渴望减肥，但进一步针对减肥带来的恐惧情绪进行敲击时，我们会发现惊人的事实，大脑正在阻止我们瘦下去。

运用敲击疗法清理内心的愤怒后，卡萝尔感觉自己已经足够坚强到抵挡母亲的“能量索取”。这是巨大的突破。把自己从母亲的能量控制中解放出来后，卡萝尔意识到，自己再也不需要、也不想再用食物掩盖她对母亲的感情了。她不需要用体重来保护自己了，而是有更为可靠的盾牌。

问问自己 :“生活中是否存在一种关系，让我感觉自己需要被保护？这种关系使我产生了什么感觉？”用 0 ~ 10 给这种感觉打分，然后进行敲击。

尽管和 _____ 的关系让我感到 _____，但我依然爱自己，接纳自己，而且选择坚定自己的立场。

保护你不被困难挑战

对塔拉来说，最需要关注的是她的婚姻，而不是体重。塔拉很害怕自己一旦苗条下来之后，就会因为自信而离开丈夫。希望重新开始的想法让她不知所措。塔拉已经有过一次失败的婚姻，她不想再经历一遍。

每天针对自己的担忧进行敲击之后，塔拉意识到，自己并不愿意放弃这段婚姻。塔拉很快发现，体重只是一个幌子，夺走了她的注意力。于是，她决定采取行动修复婚姻关系。与此同时，她的体重似乎开始下降了。2 个月内，塔拉瘦了 7 千克多，恢复到新婚时的身材。

花一点时间问问自己："如果不整天想着体重，我最该思考些什么？当我思考那个问题时，会产生什么样的情绪？"你可以把想到的所有事情都写下来，然后给这些事情引发的主观焦虑程度打分。

试着一边说出"尽管我害怕面对这件事，但我依然爱自己，接纳自己，而且感到很安全……"，一边进行敲击。在敲击手刀点时，把问题描述语重复 3 遍，然后一边敲击其他的穴位，一边更具体地说出问题描述语。

眉毛内侧：我不想面对这件事……

双眼外侧：我感觉自己解决不了这件事。

双眼下方：我会不知所措……

鼻子下方：所以我选择忽略了它……

下　　巴：转而责怪我的身体。

锁　　骨：我生活中的这个方面……

腋　　下：我不想看到这个方面……

头　　顶：这感觉太麻烦了。

当最初敲击对象的主观焦虑程度降到 5 分或更低时，你就可以继续进行几轮积极描述的敲击。

眉毛内侧：现在，我拥有所有的力量……

双眼外侧：我会心怀爱意地解决那个问题。

双眼下方：我不需要马上找到解决方法……

鼻子下方：我只需要找到第一步该做些什么。

下　　巴：每次前进一小步。

锁　　骨：面对这些情绪是安全的。

腋　　下：我对这个过程有耐心……

头　　顶：也对自己的能力有信心。

做个深呼吸，检查一下自己的感觉。再次测量你的主观焦虑程度，然后继续敲击，直到自己完全放松下来。

保护你不被更严重地惩罚

有时候，我们会发现，大吃大喝和超重，是为了惩罚自己。莉娜的情况就是如此。她发现，她在用体重惩罚几年前自己所做的一个决定。

几年前，莉娜去了男友的国家生活。从那之后，她眼看着男友从善良、深情的伴侣变成了言语和行为粗暴的家伙。莉娜非常震惊。正当莉娜努力接受男友的性格变化时，却发现自己怀孕了。当时，他们生活的国家爆发了内战。他们的住所附近每天都有无辜的人中弹，这让莉娜越来越想回到几千公里以外的家乡。莉娜担心，如果男友知道她怀孕了，就会强迫她留下来，但她不希望孩子出生在战争的环境中，更何况孩子的父亲还这么粗暴。

爱情和人生走到这一步，莉娜非常孤单和伤心。她感觉自己别无选择，只能把孩子拿掉。由于为这个决定而深感羞愧，她没有告诉任何人。尽管在当时，对于莉娜来说，这好像是唯一的选择；但随着时间的推移，从堕胎那天起，她感觉她的生命也随着孩子的逝去而逝去了。在杀死一个生命之后，她怎么还配继续生活下去？

回到家乡不久后，莉娜就诊断出患有慢性疲劳综合征，体重迅速增加。针对堕胎形成的记忆、情绪和信念进行敲击后，莉娜最终允许自己为失去的孩子感到伤心。莉娜一边用敲击疗法清理情绪，一边啜泣着说出了深埋心底多年的羞愧感和伤痛。

在参加敲击课程时，莉娜意识到，纪念未出生孩子的最好方法，就是好好生活。自堕胎之后，莉娜第一次把自己看成善良、充满爱的人，并认识到，那是她在极端痛苦的情况下，所能做出的最好决定。课程结束后不久，莉娜发给我一封电子邮件。在邮件中，她说："在你帮助我接受自己的选择，直面与未出世宝宝的相关记忆之后，我解脱了。我终于原谅了自己。"

几周之后，莉娜又发来一封邮件。她在信里说，敲击课程结束之后，她已经把堕胎的事告诉了 3 个最亲密的朋友。这封信让我非常激动。在针对堕胎这件事进行敲击之前，莉娜极其害怕，不愿意任何人知道这件事。如今，因为一边敲击一边说出过去的感觉，莉娜安抚了身体内的恐慌。冷静下来之后，她可以一边同情自己，一边讲出这个故事。这样，她就更容易找到爱她、尊重她的人，并获得他们的支持。

对莉娜来说，这是个重大突破。当因为某段经历而深感羞愧时，我们常会隐藏这段伤痛，同时默默承受痛苦以惩罚自己。我们害怕别人会像自己那样严厉评判自己。然而，当我们开始理解、同情自己，就会吸引拥有同情之心的人，然后发现，自己其实并不是孤孤单单一个人。

我和大家分享这个故事，不是为了评判莉娜或讨论政治、宗教问题，而是因为我与太多像莉娜这样的女性合作过。一直以来，这些女性时刻都在秘密哀悼着自己未出世的宝宝，并认为自己孤身一人，无法获得他人的支持。当她们无人可倾诉时，体重就会增加，以此保护自己免受堕胎带来的痛苦。当她们终于能够清理压抑心底的情绪时，身体就会开始“放弃”那些体重。更重要的是，她们终于可以不再责备自己，不再为当初那个决定而痛苦了。

无论是堕胎，还是做出人生中的其他艰难决定，我们都需要原谅自己。当回首往事，我们可能希望自己当初做出不一样的选择，但除非接受自己当时已经做出的决定，否则，我们就很难跨过“过去”这道坎。

有多少女性因为往事的伤痛而没能点亮自己，照亮世界？我们一直在惩罚自己，但是自我惩罚只会徒增痛苦。不论是什么问题或记忆让你停滞不前，并让身体变得臃肿，我都强烈建议你说出你的秘密，然后针对它进行敲击治疗。现在，请花一点时间问问自己：“我在用体重保护自己免受什么伤害？”如果愿意的话，请写下你的答案。

敲击，让我从“自我惩罚”转向“自我接纳”

初中时，我曾经在一次数学考试上作弊并被抓。回家后，我问父亲自己会受到怎样的惩罚。到现在，我还记得当时的感觉。因为我理所应当地认为会被惩罚，所以，当父亲说他不会惩罚我时，我大吃一惊。我很困惑地问他为什么，他回答：“因为我知道你已经对自己非常严苛了。我对你的惩罚远没有你对自己的惩罚严厉。”

我很幸运拥有这么善良的父亲，尽管他对我的作弊行为不认可，但也希望我能够爱自己。我不知道从哪儿学来的自我惩罚的习惯，并且认为，如果自我惩罚的次数足够多，上天或许就会原谅我。我相信，惩罚自己，严厉地对待自己，会让我成为好人。幸运的是，父母在我进入青春期之前就发现了这一点。

实际上，我合作过的许多女性，在内心深处都骄傲于严厉要求自己。她们认为自己不配快乐，而残忍地对待自己才是正当行为。于是，她们的身体就会用居高不下的体重做出回应，让她们在严苛的内在环境中保持安全。**是时候从伤痛中解脱出来了。学着原谅自己，并且意识到不应该自我惩罚。自爱和自我接纳才是正确的答案。**

现在，让我们做几轮敲击，从内心深处原谅自己。选择一件你认为需要自我惩罚的事，评估这件事引发的情绪强度，用 0 ~ 10 分给它打分。敲击时，心里要想着这件事。

手 刀 点：尽管我认为应受到自我惩罚，但我依然爱自己，接纳自己，原谅自己。（重复 3 遍）

眉毛内侧：发生过的这件事……

双眼外侧：我感到如此羞耻。

双眼下方：我不能改变已经发生的事情。

鼻子下方：这令人绝望……

下　　巴：所以，我开始惩罚自己。

锁　　骨：我从某个地方学到……

腋　　下：为了成为“好人”，我需要惩罚我自己……

头　　顶：但是，惩罚自己没有任何益处。

当最初敲击目标的主观焦虑评分降到了 5 分或更低，你就可以继续进行几轮积极描述的敲击。

眉毛内侧：我只能用光照亮黑暗。

双眼外侧：我选择为这种情况带来光亮。

双眼下方：发生的事情并没有反映真实的我。

鼻子下方：现在，我选择心怀爱和同情，如实表现真正的自己。

下　　巴：当时我已经尽力做到最好了。

锁　　骨：我学到了那么多，而且我选择了一条新道路。

腋　　下：我爱自己，接纳自己并原谅自己。

头　　顶：我的未来一片光明。

做一个深呼吸，检查一下自己的感觉。再次评估你的情绪强度，然后继续做几轮敲击，直到感觉完全放松下来。

别把体重当成逃避恐惧的借口

对已经努力减肥多年的人来说，减肥很可能成为他们没能实现梦想，或直面自身恐惧的最好借口。请完成下面的句子。

因为体重，我不能 ________________。

补充完这句话后，你需要进一步了解体重居高不下背后的原因。

米歇尔已经 40 多岁，两年前离了婚。她坚称是减肥不成功导致她找不到约会对象。米歇尔会一边看着镜子，一边想：谁会爱这副身体？她讨厌自己的身体，因为这副身体夺走了她非常渴望的东西——浪漫。

我让米歇尔想象减肥成功后的情景：走进一家餐厅，坐在一位潜在约会对象对面。“想象这幅画面时，你有什么感觉？”我问。米歇尔很惊讶地意识到自己心里的恐慌。向爱和浪漫打开心门，可能意味着她需要重复和前夫相处时经历的痛苦，这让她很害怕。

于是，我们开始针对米歇尔的恐惧进行敲击，并让她集中回想上一段婚姻中引发她情绪的记忆。进行敲击治疗后，尽管体重没有减轻，但米歇尔已开始约会了。她意识到，阻碍自己的并不是体重，而是恐惧。

刚开始针对自己的体重进行敲击时，我在上面那句话的空白处填写的内容是“我不能成功”。作为身心健康行业从业者，我认为自己需要保持“完美”的状态，这样才能帮助他人。尽管喜欢访谈别人，但我会躲开摄像机，因为我认为我不够美。继续深入探索后，我意识到，我真正担心的是被别人评判。如果我什么都不做，别人就无法评判我的行为。

通常，人们之所以无法完成某个项目，可能也是因为担心这一点：如果某件事没有完成，就不会被评价。如果一本书一直写不完，就不会收到负面的书评。

随着继续进行敲击，我意识到自己害怕的批评其实早就存在。越多地在自己受到评判时进行敲击，我就越确信，人们对我的评判，其实只是他们对自己持有的信念。

不久之后，我们就举办了一年一度的情绪释放疗法世界峰会。我的新发现在这次峰会上得到了检验。会议期间，一个周末的早上，有人在我的脸书页面上发表了一条刻薄的评论。中午，当我和几个女性朋友一起吃午餐时，我向她们宣布，今天第一个讨厌我的人已经出现了。其中一个朋友跳起来说：“为讨厌我们的人干杯！如果没有人讨厌你，那说明你没在做任何有价值的事。”听了这话，我们都大笑起来。

为了活出真正的自己，我们需要打破常规。正如你将在后文中看到的，我们对活出闪耀人生的恐惧，常常给我们的生活蒙上阴影，而且很有可能夺走我们值得拥有的快乐、成功和爱。

针对“假想敌”进行敲击

在和数千名女性合作时，我发现，我们常常会幻想自己受到他人的批评。实际上，我们害怕听到的话语，从未真正被说出过。但这些“话”带给我们的感觉是如此真实，因为它们反映了我们自身的信念和恐惧。针对我们认为其他人可能对我们说的话进行敲击，常常能帮助我们和那个人建立更稳固的关系。

敲击疗法也可以让我们意识到，我们正在让一个“有毒”的人或群体靠近我们。在这种情况下，相比保持体重，在自己和他人之间树立屏障，可以创造能量边界，少和那个人或那个群体接触。

现在，花一点时间问问自己：“减肥成功之后，我担心会收到什么消极反馈？”你可以把这些顾虑写下来。尽可能写得具体一些，同时指出可能对你说出这些话的人。然后一边大声说出这些话，一边逐个敲击穴位。

别害怕展露才华，你可以活出闪耀人生

埃莉在学校里的表现一直很好，美术作品总能获得同学和老师的关注，但是令她烦恼的是，这些夸奖似乎让身边的同学都黯淡无光了。埃莉担心自己的成功会让其他人对她做出消极的评判。

于是，从很小的时候起，埃莉就学会了转移他人对她的赞美。埃莉还有一个习惯：把自己和其他女性做比较，然后感觉自己“不如”别人。因为埃莉知道这种感觉有多糟糕，所以她担心如果自己被夸奖，别人就会感觉很糟糕。为了避免这一点，她故意轻视自己的任何成功，并回避他人的赞美。

成年之后，受到别人的关注时，埃莉就会非常不舒服，特别是来自艺术方面的关注。但实际上，埃莉一直把艺术创作当成自己的使命，并投入了极大热情。有时候，当创作渴望特别强烈时，埃莉就会拿起画笔，但一旦作品获得积极的关注（常常如此），她就会马上消失于大众视线中。随着时间的推移，埃莉越来越努力地隐藏自己的才华，避免受到大家的关注。与此同时，她的体重也逐渐增加，这让她越来越讨厌自己的身体。

在参加我的课程时，埃莉意识到，需要敲击的对象不是体重，而是对展露才华的担心。进行敲击治疗之后，埃莉发现，才华其实是上天的礼物，而不是负担。不久之后，埃莉就开始和大家分享自己的艺术作品，这是她多年来第一次主动向身边人展示它们。

在取得突破之后，埃莉在减肥和形体自信网络学生社区发布了自己创作的一幅画。画的主题是，当我们常常把自己和他人做比较时，将体验到怎样的痛苦。

我非常喜欢这幅画，于是把它分享在我的个人主页上。而且，我还特意告诉埃莉我有多喜欢她的作品，并询问她是否愿意为这本书画插图。在清理了对展露才华的恐惧之后，埃莉鼓起勇气分享了自己的艺术作品，并出版了自己的第一本作品集，丰富了所有人的生活。

埃莉的画：“攀比”有害幸福

在接受敲击治疗后，埃莉不再像以前那样紧盯着食物不放。她和食物之间的关系渐渐开始改善。因为多年来，埃莉一直在尝试戒掉碳酸饮料。敲击治疗之后不到 1 个月，埃莉就惊讶地发现，自己对碳酸饮料的渴望悄悄地消失了。在允许自己展示艺术作品，活出闪耀的人生之后，埃莉终于能够在食物面前保持平静和克制了。

在和我合作过的女性中，有很多人都害怕展露才华。她们极其渴望否定自己的潜力，看轻自己的成就。她们想方设法隐藏自己的才华，于是体重便成了最好的掩护。

谈到对展露才华的恐惧，玛丽安娜·威廉森（Marianne Williamson）的作品《发现真爱》（*A Return to Love*）做出了最好的解答：

我们最害怕的不是自己不够好，而是自己拥有超乎想象的力量。令我们最恐慌的不是我们的无知，而是我们的才华。我们自问："我怎么配得上才华横溢、美丽动人、天资聪颖、卓越非凡这样的形容？"

实际上，你怎么会配不上呢？你是上帝之子。隐没自己的才华就无法为世界创造任何价值。把自己蜷缩起来一点益处也没有，你身边的人也会因此不安。

我们都应该像孩子一样发光发亮。我们生来就是为了彰显蕴藏在身上的神之荣光。不是某些人被神眷顾，我们每个人都拥有这种光芒。当我们让自己光芒闪耀时，不知不觉中，我们也赋予了别人这样的权利。随着我们将自己从恐惧中释放，我们的存在也将带给别人自由。

停止等待，最好的行动时机就是现在！

你害怕去做，但真的很想去做的事情，就是你需要做的事。对于凯特来说，她需要做的是开一家健康中心。尽管 4 年前，凯特就拥有了开办健康中心的店面，但她没有动力去拓展人际关系，获取资金，以及做相关的市场宣传。凯特计划在减肥成功之后再采取行动。

针对自己对实现梦想的恐惧进行敲击后，凯特意识到，阻碍她开办健康中心的不是自己的体重，而是她不够自爱。凯特从小就被教导"要安静"和"不要说话"；当她长大后，发光发亮、展露才华让她有不安全感。因此，凯特一直惧怕实现开办健康中心的梦想。

在拥有新的自我认知之后，凯特开始每天针对自己的恐惧敲击。

几周之后，凯特在开办健康中心之路上就前进了一大截。突然之间，凯特开始拓展人际关系。渐渐地，有人主动联系她、支持她，例如有位女士提出帮凯特创办一个网站。源源不断的支持和热情，让凯特既惊讶又兴奋。

从那之后，凯特开始制订健康的饮食计划，并且有规律地参加运动。突然间，生活方式就这么发生了简单而令人愉快的改变。凯特的体重和腰围几乎立刻就减下来了。但是，真正让凯特嘴角上扬的是：自己终于会在经过镜子时，停下来欣赏自己的身体了。

课程结束几周之后，凯特和我分享了她的感受：

我已经减掉了5千克，而且已经来到了“阳光”下！我的身体和生活习惯每天都在变化。我再也不会天天情绪化进食了，而且我喜欢上了运动。路过镜子时，我再也不会贬低自己了……这些事情对我来说，都非常重要。

每天，我都在学习和成长，这很有趣！我知道自己每天都在进步。敲击疗法改变了我的生活，甚至生命。现在，我依然在进行敲击……我爱敲击疗法。

人们常常会问我，我是如何在日常生活中融入敲击的。以下是我每天晚上都会做的练习。

首先，想象你最想要什么，先集中想象某一件事情。你可能希望自己强大而自信，希望展露某种天赋，希望大声说出自己的想法，希望拥有更亲密的关系。在脑海中放大那幅图景。做个深呼吸，体会自己在那种情境下的真实感觉。

然后问问自己："那个情境中有什么地方让我感觉不舒服吗？""当我在脑海中想象这个情境时，身体的哪个部位不舒服？"举例来说，如果你感觉胃或肩膀缩紧了，这就表示，这个情境正在给你制造压力。

继续一边深呼吸，一边想象这个情境，同时逐个敲击各个穴位。如果你产生了某种恐惧感、其他负面情绪或自言自语，就继续一边想象自己想要的东西，一边逐个敲击穴位。继续敲击下去，直到你在想象时，能够保持平静而和谐的状态。这项练习可以定期进行，因为它的作用非常强大。你将发现，自己的梦想正随着舒适区的扩大而不断丰满。

允许自己闪耀光芒，就算害怕或不知所措

探索体重是如何保护我们的安全以及如何让自己从恐惧感中解脱出来，允许自己闪耀光芒，会让我们感到些许兴奋。但是，我们常常再次很快被恐惧打倒。恐惧和不知所措都很正常。克服它们的关键在于从这些感觉中得到好处，而非被它们控制。

这时候，我们就可以借助敲击的力量。针对情绪进行敲击，并不意味着再也不会恐惧或产生其他负面情绪，但敲击可以帮助我们掌控情绪，让我们在遭遇正常和自然的情绪阻力时，也能继续前行。

有时候，思考如何展露才华时，我们会不知所措或有些畏惧，部分原因在于，我们不知道应该做什么，以及不知道如何实现梦想。

这些状况都十分正常。我们要做的就是，针对这些情绪进行敲击，和自己的直觉重新建立联结，并形成更清晰的答案。

展望梦想时，你的感觉如何？如果给你的恐惧或不知所措打分，会是多少分？有没有其他情绪或消极信念占据你的注意力？你的身体是否紧张？通过回答这些问题，让自己更清晰地掌握自己的情况。现在，让我们做几轮敲击：

手刀点：尽管我对这个梦想感到不知所措，但我依然爱自己，接纳自己。（重复3遍）

眉毛内侧：我是如此不知所措。

双眼外侧：要做的事情有这么多。

双眼下方：我甚至不知道从哪里开始。

鼻子下方：如果我做不到，会怎么样？

下巴：如果我犯了错，会怎么样？

锁骨：如果发生意外，会怎么样？

腋下：所有这些和实现梦想有关的担忧……

头顶：现在我要把这些感觉说出来。

当最初敲击对象的主观焦虑评分已经降到了5分或更低，你就可以继续进行几轮正面描述的敲击。

眉毛内侧：可能我不需要知道每个问题的答案。

双眼外侧：可能实现梦想不需要我知道自己具体需要怎么做。

双眼下方：我只要集中精力走好眼前这一步。

鼻子下方：跨出这一步是安全的……

下　　巴：要相信有些问题的答案自会显现。

锁　　骨：我可以享受这个过程。

腋　　下：向前跨出这一步的感觉真好。

头　　顶：前进对我来说是安全的。

做一个深呼吸，检查一下自己的感觉。再次评估你的主观焦虑程度，然后继续进行敲击，直到感到完全放松下来。

现在，你可以采取哪些行动，向着梦想前进一步？写一封邮件或打一个电话都可以。相信你的直觉，迈出那一步，不论这一步看起来多么渺小。

参加我的课程和进行敲击治疗后，多年来第一次，布朗迪获得了全身心的解放。某一天，布朗迪在翻阅满满一鞋盒老照片时，找到一张自己 30 多岁时身穿绿色比基尼的照片。她看着照片里那个美丽的女人，想起自己当时其实很讨厌那副身体。

布朗迪回想当时的情境时，非常同情照片里的自己，因为她没能发现自己的美。现在，她比以前胖，但感觉比当年更美，因为她一直在针对自己的信念进行敲击。

接下来的那个周末，布朗迪和丈夫一起去野营。当她穿上泳衣时，耳边又响起了以前听过的批评之声。“听”到后，布朗反而嘴角泛起笑容，因为那个声音再也不能控制她了。布朗迪意识到，如果现在自己不享受生活，不欣赏自己的身体，那就是在浪费更多拥有快乐的机会，正如当年身穿绿色比基尼的自己没能发现自己的美一样。

设定目标和追求梦想很重要，但这不能成为你不享受当下时光的理由。因为说到底，带给我们最多快乐的是追寻梦想的整个旅程，而不单单是结果。

现在，是时候停下脚步，闻一闻玫瑰了；是时候留意到你身上的美了。暂停一下，把手放在心口，做一个深呼吸，体会一下自己的感觉。过美好的生活意味着，认识到现在的自己和生活有多么美好。

展露才华是安全的

手刀点：尽管我感觉展露才华不安全，但我依然爱自己，接纳自己。（重复3遍）

眉毛内侧：我感觉展露才华是不安全的。

双眼外侧：我感觉尽全力做事是不安全的。

双眼下方：我可能获得了太多关注。

鼻子下方：可能有些人会因此不高兴。

下巴：胖胖的身体、隐藏自己的才华让我感觉更安全。

锁骨：一部分的我想要发光发亮，成为最棒的自己……

腋下：一部分的我感觉这么做不安全。

头顶：我的内心很挣扎。

眉毛内侧：我的内心一直在挣扎。

双眼外侧：保持现状感觉更安全。

双眼下方：减肥让我感觉不安全。

鼻子下方：现在，我感觉保持自信是不安全的……

下　　巴：我之前吃过这方面的亏。

锁　　骨：现在，我要把那些感觉都说出来……

腋　　下：并且放下这些感觉。

头　　顶：这让我学到很多。

眉毛内侧：某段经历让我觉得，展露才华是不安全的……

双眼外侧：这条信念让我停滞不前。

双眼下方：别人说的话，做出的反应……

鼻子下方：反映的是他们的情况，不是我的。

下　　巴：我接受他们的行为给我造成的感觉。

锁　　骨：我害怕再次接收到消极的反馈……

腋　　下：所以，我最好向恐惧投降，隐藏自己光芒。

头　　顶：但是我想要更多。

眉毛内侧：我需要做一个选择。

双眼外侧：我可以在意其他人的想法……

双眼下方：以牺牲我的快乐为代价……

鼻子下方：或是在意自己的想法……
下　　巴：然后释放自己的光芒。
锁　　骨：我拥有勇气和信念……
腋　　下：我选择发光发亮。
头　　顶：我鼓励其他人也这么做。

眉毛内侧：我感觉到，让自己发光发亮有多么放松。
双眼外侧：隐藏才华让人心神俱疲……
双眼下方：我选择放飞想象。
鼻子下方：我选择朝着梦想迈进……
下　　巴：我选择听从自己内心的那个声音。
锁　　骨：我知道应该怎么做……
腋　　下：而且我现在就可以采取行动。
头　　顶：现在，展露才华对我来说是安全的。

第 8 章

轻有感

THE TAPPING SOLUTION FOR WEIGHT LOSS & BODY CONFIDENCE

重拾形体自信，坦然地接受和给予爱

女性往往逃脱不了世俗的枷锁，例如，可以性感，但不能淫荡；可以随和，但不能太随便。这套沉重的枷锁或许一时半会儿卸不掉，但要记得，就像玫瑰可以在美丽动人的同时身藏利刺，你也要在适当的时候勇敢反击。

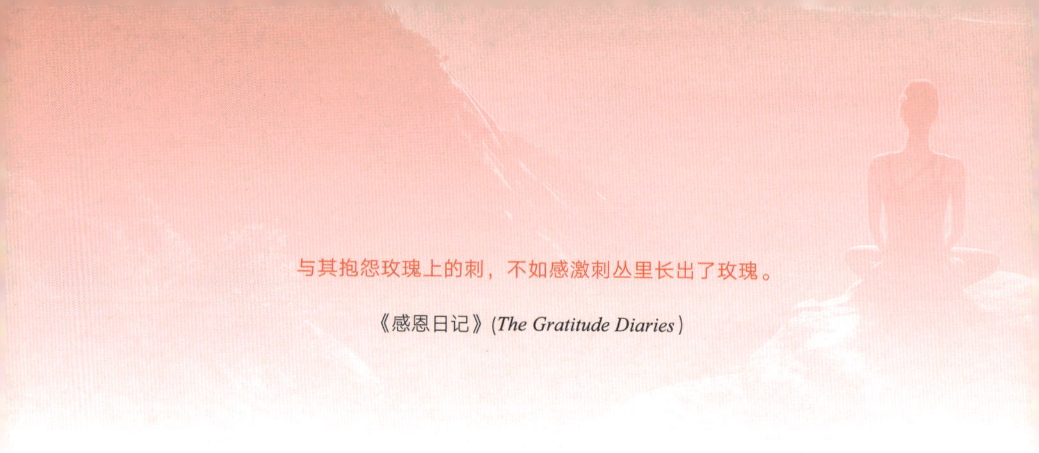

与其抱怨玫瑰上的刺，不如感激刺丛里长出了玫瑰。

《感恩日记》(*The Gratitude Diaries*)

从很小的时候起，女同胞们就开始被大量与性别和女性特质有关的信息轰炸。社会主流观念认为，我们可以性感，但不能淫荡；我们可以美丽，但不能过分自信；我们可以随和，但不能随便。通常，在刚刚准备好、有能力接受和理解这一点之前，我们就被扣上了“你是女孩子”的大帽子。然后，当刚要庆祝自己新的、不断变化发育的身体时，我们又迎来了令人讨厌的性注意。有时，我们甚至会因为自己的身体被挑逗起来而自责并感到羞耻。

社会对女性寄予了太多矛盾的束缚和期待。似乎从一开始，我们就注定会搞砸自己和性别之间的关系。在屈服于文化中有关女性性别的焦虑之后，我们中许多人会无意识地把体重当作一种避开性注意的方式，因为性注意一直以来都让我们感到困惑和害怕。

接下来的文字将讨论，我们和性别之间的关系如何影响我们以及我们的体重。而且，我们将寻找和自己身体建立联系的新方法，进而体验到渴望已久的自由。正如你将在下文所看到的，对于许多人来说，这种和性别之间的痛苦关系，早在青春期——我们胸部刚开始发育时就已经开始了。

敲除青春期的性别羞耻

我小时候是个假小子，拒绝穿裙子，即使每次都要和母亲抗争一番。在我看来，如果哥哥和弟弟不穿裙子，那我也不穿。我非常想和他们一样，尽可能表现得像个男孩子。我很叛逆、心直口快，而且很少害羞，总是期盼着下一场冒险。童年时期的大部分暑假，我都和许多小男孩在树林里奔跑玩耍。

然后，胸部发育不期而至并毁掉了这一切。我有一个男性朋友承认，有些男孩叫我“有一对波波的女孩”，而且在背地里开我玩笑。我讨厌身体背叛了我，给我带来了这些玩笑和奇怪的关注。

由于当时的我理解不了这一切，就用食物安抚自己的焦虑。用体重把自己隐藏起来不是我有意识做出的决定，但这个方法很有效。在我准备好接受这一切之前，肥胖保护我不被物化和孤立。

我的许多客户也有过同样的经历。从身体开始发育那一刻起，她们就开始隐藏自己。尽管青春期的记忆似乎已经非常遥远，但在那些年里，我们感觉自己像一个突然住进成年女性身体里的小女孩。当时的感觉可能对我们和自己的女性特征，以及我们和体重之间的关系产生了深远的影响。

劳拉是我的一位学生，她跟我一起回顾了自己和身体及体重之间的关系。

劳拉曾经在校车上因为发育的胸部被同学戏弄。劳拉非常尴尬且难为情，于是开始穿祖母给她织的一件斗篷。不论天气如何，她都喜欢用这件斗篷把女性化的身体遮掩起来。

随着逐渐长大，只要劳拉减肥成功，就会因为自己受到关注而不舒服，不论这种关注是来自男性还是女性。早期在学校的遭遇，导致劳拉把拥有女性化的身体和成为取笑对象以及受到不想要的关注联系在了一起。

青春期令我们许多人苦恼。我们还没有准备好面对胸部、月经和镜子里出现的曲线，于是责怪身体发生了让人不舒服和不安全的变化。花一点时间回想一下你对青春期的感觉。那段时间是否发生了某些事情，或某些回忆让你觉得拥有女性的身体不安全？如果有，现在就一边进行敲击，一边把这个故事说出来。你可以回顾一下第 5 章，我们在那一章里学习了如何针对过往事件进行敲击。

当我们还没有被教导如何与女性特质建立积极关系时，任何类型的关注，包括赞美，都可能给我们带来深深的不安。这听起来似乎违背直觉，但当我们缺乏形体自信且一直在努力减肥时，常常会害怕受到任何类型的关注，因为这些关注可能会给我们带来伤害或羞辱。

洛丽的情况就是如此。她在参加我的课程期间减掉了 8 千克。她一直针对自己害怕展露才华的问题进行敲击，而且意识到自己已经很久没穿那件灰色夹克了。以前，不论刮风下雨，那件超大号的灰色夹克都从不离身。现在，洛丽变得自信，也准备抛弃“灰色”了。

一天，洛丽决定穿白色的毛衣，配一条好些年都穿不上的裤子。在离开家时，洛丽感觉棒极了，觉得自己美丽非凡、容光焕发、精力充沛。就在那天，洛丽在路上遇到一个男人冲她吹口哨，还低声嘟囔着：“噢，好性感。”听到他的评论后，洛丽感觉受到了威胁，立刻紧张起来。洛丽非常慌张，身体都僵住不动了。她说不出话，也不知道要怎么回应，于是低着头快步走进一家商店。

一方面，洛丽觉得这个男人很恶心，认为他的评论侵犯了自己；另一方面，她又感到受宠若惊：自己这个已经结了婚的 50 多岁的女人，还能吸引异性的注意。当洛丽意识到这一点之后，她又开始为自己感到受宠若惊而内疚。那天晚上，洛丽还对这件事耿耿于怀，心里充满了羞愧和困惑。

几周之后，洛丽告诉我，她很惊讶陌生人的一句评论会打乱她一整天的生活。当我们没有和别人划清界限时，这种情况常常会发生。接下来的部分，我们将继续探讨这个话题。

和我一起针对那个男人的评论进行敲击后，洛丽开始训练自己坚定立场，承认自己的力量。洛丽大声重复了几遍那个男人的话，然后想象当时出现的焦虑感，一边说出自己的感受，一边进行敲击。

当释放了那个男人的性关注所引发的恐慌反应之后，她终于可以平静地回想这条评论了。

课程结束后，我让洛丽再次回想当时的情景。这一次，她感到平静而自信。在针对羞愧感和恐惧进行敲击后，洛丽意识到自己能够控制自己的情绪，而且感到强大有力。我们之所以会由于不请自来的关注而恐慌，常常是因为我们对此感到无能为力，或认为自己无法保护自己。当一句评论就能令我们震惊和感觉无力时，理解震惊的原因对解决问题很有帮助。

坦然接受所有赞美，你可以保持冷静并控制当下

尽管洛丽的身体并没有真正被冻僵，但在情绪和心理上，她感觉自己已经被冻僵了。冻僵反应有多种表现，包括感到身体紧张或僵硬、呼吸暂停、附和别人、不敢拒绝、不敢大声说话或改变自己的状态。

很多野生动物都会出现冻僵反应。在受到攻击时，它们的身体会变僵硬，而且乍一看好像停止了呼吸。这就是“伪装成负鼠”这个短语的来源，因为负鼠深谙冻僵反应的精髓。

这是因为大部分食肉动物只喜欢会反击的猎物，而且会在经过搏斗猎物死去之后才吃掉它们，所以有些弱小的动物会用冻僵

反应来保护自己。当捕食者对装死的动物失去兴趣时，它们就可以“苏醒”过来，赶紧逃到安全的地方。

我们常常因为冻僵反应而自责，后悔当时没有这样做或那样做。实际上，冻僵反应是身体自我保护的最原始方式。了解这一点很重要，因为这样我们才能更理性地看待冻僵反应，而不轻易否定自己。

过往的冻僵经历会让我们对未来充满担心，因为我们自以为对那些威胁到自己的人和事毫无还击之力。当我们一边回想触发冻僵反应的事件，让自己沉浸到当时的感觉里，一边进行敲击，就降低了在将来发生冻僵反应的概率。结果，我们就可以关注当下，有意识地做出有益的决定。

现在，让我们针对你曾经的冻僵反应做一些简单的敲击吧。即使你多次经历过冻僵反应也没关系，请从情绪没那么强烈的那次开始敲击吧。比如，你感觉自己冻僵了，是因为有人让你接手你并不想负责的项目，还是有人用你不舒服的方式对待你？

需要注意的是，如果你是在受到严重精神创伤后发生了冻僵反应，请寻求专业医师的帮助。在探索疗愈创伤的方法之前，你需要首先懂得寻求所需的帮助。如今，在医疗实践中，越来越多的治疗师开始运用敲击疗法。

跟洛丽一样，很多客户告诉我，她们不喜欢被赞美，特别是来自男性的赞美。“如果街上有人冲我吹口哨，我就会慌张地低下头，”她们说，“我会觉得他们很恶心，感觉受到了冒犯，就像他们在用眼睛剥光我的衣服。但是，另一方面，我又喜欢这种关注，于是我又会因为这种喜欢而愧疚。”

因为受到夸奖而开心并不意味着你“要求被夸奖”，也不意味着你有可能对伴侣或配偶不忠。我们常常不仅害怕赞美我们的那个人，而且害怕发现自己做不成任何事。

实际上，坚定立场之后，我们会比自己想象的更有力量。当某个人赞美你时，你可以首先留意一下自己的呼吸。如果你的呼吸短而急，那么你的身体很有可能产生了压力反应。针对被赞美的经历进行敲击，你就可以更快速地恢复冷静状态。

运用敲击疗法平复因为赞美和关注（特别是来自男性的）而产生的压力反应后，我们自然就可以用不同的方式和男性互动。不再因为男性的关注而紧张，可以自然应对意料之外的夸奖或奉承，我也意识到自己一直以来都习惯于在受到男性夸奖之后感觉不舒服。于是，我开始有意识地观察自己在被关注之后的反应和感觉，然后针对它们进行敲击。

随着时间的推移，我变得能够接受他人的赞美，当然大部分赞美都是善意的。现在，我再也不会认为自己被威胁，而是可以享受其中或对它们不予理会。不论是哪种情况，我都能活在当下，控制自己的生活。

如何回应口哨声？

在我的居住地纽约，我常和朋友们聊到，这里的男性常会用口哨声来吸引女性的注意。一天，我给其中几位朋友发了邮件，问她们是如何用一种让自己充满力量而非被侵犯的方式回应口哨声的。

一位朋友说，她通常会回以微笑，有时候甚至会大笑，但那不是在嘲笑他们，而是和他们一起笑，好像在说："你们这些家伙都疯了，你们知道吗？"她说，这样的回应让她觉得这只是一次无伤大雅的小小调情。

另一位朋友回复说，有时候她把吹口哨当成赞美来接受，但是当口哨声让她不快时，她就会快步走开。她和别人的差异在于，她每次都可以只关注当下，并根据不同的情况判断该如何回应。

遗憾的是，我们无法控制他人；幸运的是，我们可以控制自己的反应和感觉。即便你感到所有的口哨声都不合时宜也没问题。关键是，你要知道，在听到口哨声时，你可以选择保持冷静并关注当下。

就在前几天，我在最难打到车的时间即下午 4 点，站在路边打车。当时大部分出租车司机都在换班。我需要马上赶到另一个地方，但忘了这一点。于是，当出租车在旁边停下时，我想也没想就钻了进去。我刚一安心坐稳，司机就对我说："实际上，我的换班时间已经到了，但是穿着蓝色裙子站在路边的你看起来太美了，我必须停下来。”出乎意料的是，当时我没有感觉被冒犯，微笑着对他说：“那好啊，看来以后每次在4点打车时，我都要记得穿这条裙子！”然后我俩哈哈大笑。

在了解那些不想要的注意引发的情绪和身体反应之前，我一直很害怕面对它们。我也可能因为自己对不请自来的关注感到生气而身心疲惫。现在，由于我可以让自己关注于当下，保持冷静，就可以轻易地分辨眼前的情境是否危险，并做出相应的回应。

有时候，一些不具危险性的人发出的赞美也可能触发我们的消极反应。我就遇到过这样的情况。有一次，我的舅公对我说：“你看起来好像瘦了。”我对他微笑，并且表示感谢，但其实心里在尖叫：“可以不要在家庭聚会时谈论我的身体吗？”

很多女性会不好意思地承认，她们在听到“你看起来好像瘦了”之后，会在心里想“所以我以前很胖吗”？当身体形象成为我们内心巨大的伤口时，即便轻如羽毛的“触碰”也可能让我们感到刺痛。我们不能控制他人说什么，但是当我们疗愈那个伤口之后，就可以选择欣赏羽毛的轻柔，享受这种夸奖或是简单地不予理会。

现在，让我们针对获得的夸奖做几轮敲击。最开始时，你可以用这样的问题描述语：尽管有人留意到我的体重下降了，但我选择平静，选择感受身体的力量。针对获得赞美的经历一直敲击下去，看看有什么可以分析和清理的束缚性观念。

设定安全界限，你有强大的力量保护自己

如果被关注时感觉不舒服，那通常意味着，我们还没有学会设定安全的界限。我们天生都拥有界限，但除非我们意识到它们的存在，并且严格坚守，否则人们就会毫不费力地突破它。当他们越界时，我们会感觉无力和焦虑。结果，我们会责备自己，而且可能暴饮暴食，用不断增长的体重保护自己。

克莱尔的情况就是这样。当我问她什么时候开始长胖时，她明确地想起了那个时刻。在克莱尔减掉 9 千克后，她的一位男性朋友把手放到克莱尔的大腿上，告诉她“你看起来真美”。这位男性朋友越过了克莱尔的界限，但她不知道如何守住它。当我问她“为什么不请这位朋友把手拿开”，克莱尔回答说，她不想冒犯他，或是认为这样做是“小题大做”。

作为女性，我们常常被教导要做个“好女孩”。我们常常被告知，不要惹恼任何人，不要冒犯任何人，什么都不要做，否则就会把事情弄得更糟糕。我们担心会让他人失望或难过，所以常常评判、责备自己。我们问自己：是我想太多了吗，还是太情绪化了？但事实根本不是这样。问题在于，我们从未被教导如何设定安全的界限。这导致我们的世界被其他人随意踩踏。

要过健康的生活，我们就必须为自己划定边界。但是，如果你不专注于当下，就很难知道自己的边界在哪儿。专注于当下时，

你会很快体会到当自己的领地被人侵犯时的感觉。

不论何时，当你感觉不舒服或不安全时，你应该做的第一件事，就是离开那个环境。如果感觉不对，就拒绝。“不”是个完整的句子。你不需要解释你为什么要拒绝。

一边回想自己当时的恐惧，说出自己的想法，一边进行敲击可能更有帮助。当你完成这一阶段的敲击后，你就可以进行几轮积极描述的敲击。以下敲击范本可以帮助你。

眉毛内侧：我的感觉更重要……

双眼外侧：比其他任何人的想法都更重要。

双眼下方：我知道自己的界限……

鼻子下方：并且坚定自己的立场。

下　　巴：我强大而被保护……

锁　　骨：被我心里的力量保护……

腋　　下：被我关注于当下时的力量保护……

头　　顶：我关注于当下，我能够控制自己。

眉毛内侧：我是一个强大的成年人。

双眼外侧：如果某件事让我不舒服，我会立刻采取行动。

双眼下方：我聆听自己内心的声音。

鼻子下方：我不需要理解自己的感觉……

下　　巴：我只需要相信它们。

锁　　骨：我感觉安全而充满力量。

腋　　下：我能清晰地说出自己的想法，也拥有强大的影响力。

头　　顶：我感到平静而自信。

学习如何活在当下，如何创造安全的界限时，很重要的一点是，我们要了解如何运用自己的能量守卫这些界限，即使在收到预期之外的注意，或是感到不舒服的情况下。

当我和一些女性分享如何运用自己的能量守卫安全的界限时，她们常常会想起自己曾经盯着别人看或者用言语反击别人，直到他们收回自己的视线并开始退缩。这都是我们用自己的能量守卫界限的例子。这些行为保护了我们，让我们感到安全。

我在外出跑步时，常会想起这一点。我很害怕那些体形比较小的狗。它们常常一边大声狂吠，一边朝我冲过来，这时我会被吓得跳起来。我喜欢时不时在脑海里回想这些小狗的形象，以提醒自己，当我有需要的时候，也可以像那些叫声响亮的小狗一样吓倒别人。

相信你的直觉与本能

《注意！有人在盯着你》（*The Gift of Fear*）的作者加文·德·贝克尔（Gavin de Becker）说，和其他生物不同，人类虽然能够察觉危险，但会忽略直觉的报警提醒。相反，人们会劝服自己，然后“偏向虎山行”。例如，有些女性虽然看到电梯里有个让人毛骨悚然的人，也往往会走进去。

如果你感觉有什么事情不对劲，请一定要保持警惕。首先顺从自己的本能，然后再担心人们的评判和想法。如果你感觉哪里不对劲，即使无法解释为什么会有这种感觉，也请做自己的“熊妈妈”，尽快躲进更安全的环境。

别拿体重考验爱

我们常常因女性的外形而获得关注，这让我们形成这样一个错误的信念：女性身体必须看起来像某个样子，才能邂逅浪漫的爱情。这是许多女性承受的另外一种压力。现在让我们看看这种想法是否正确。

有一个婚恋交友网站对2万名男性进行了一项测验，旨在找出女性在第一时间吸引男性的特质。是全身没有一丁点脂肪吗？不是。投票结果显示，排第一位的是性吸引力，第二位是笑容，第三位是善良，第四位是幽默感。体形只排到了第五位。也就是说，相比你的体形，男性更在意你的善良和幽默。

那么排第一位的性吸引力到底是什么？吸引力就是能量。你是否曾经和某个拥有很强男（女）性能量的人见面，尽管他（她）在外形上很吸引你，但当你们开始近距离交谈时，他（她）对你的吸引力却突然消失了？那个人可能仅仅只是评论了一下天气，但你突然就感觉到了某种能量，突然就不再对他（她）感兴趣了。

吸引我们的就是那点火花。我们被他们的能量吸引了。这意味着人们不在乎外表吗？当然不是。但这确实意味着，我们拥有的能量比我们的外形重要得多。我们常常会忘记这一点，因为我们已经接受了一条信念——只有当我们看起来是某个样子时，我们才值得爱。结果就是，当我们认为自己不美丽时，就会隐藏自己，以免被人拒绝。

当我们相信，只有拥有完美身材的女性才能吸引“好男人”时，就总会找到证明这一点的借口。如果被一个男人拒绝，我们就会认为是因为自己不够美，因此更不愿意向别人展示自己真正的、自然的能量。结果，我们常会吸引那些害怕挖掘他们自身潜能、无法接受真正的自己、无法成为深情且可以信任的伴侣的男人。当我们偶尔鼓起勇气结识新人，却被拒绝时，就会认为这进一步证明了我们不够好。这是我们自行创造的无休止的循环，即不允许自己感受到身体的美丽，获得形体的自信。

“他如果爱我，就应该爱我的脂肪！”

相信苗条的身材会吸引爱的你，反而可能让自己变胖，并拒绝减肥，因为你想要反抗那条信念。你可能会认为，如果你减肥成功，然后某个人爱上你，那他爱的也只是你的身体。保持肥胖，你就可以考验你的伴侣，确保他爱的是你，而不是你的身体。

这种反抗来自那条束缚性信念，即吸引爱的是你的身体。

这条信念可能极大地破坏你目前的人际关系，或是阻碍你找到更深情的伴侣。但实际上，你可以因为自己的思想、身体和心灵而被爱。在减肥和形体自信之旅中，体会自己对身体的感觉和你希望茁壮成长的愿望，这一点很重要。运用第6章里提到的方法，针对这条信念进行敲击。

当我们相信是美吸引了爱，而且认为自己不够美，所以不配拥有爱时，我们也无法获得渴望的爱和感情，因为会觉得自己“不配”。然后，我们就可能会回避别人的夸奖，并且漠视积极的关注，因为我们“不配”得到它。也就是说，对身体的不自信，以及相信身体是唯一能够获得爱的筹码时，你就剥夺了自己被爱的权利。

针对自己对外貌和身体的批评进行敲击之后，希瑟终于意识到，形体不自信阻碍了她享受人际交往的乐趣。正如她在给我的邮件里分享的那样：“昨天我穿着连衣裙去湖边玩，而不是穿短裤或罩衫。对自己感觉更好让我感到很棒。而这种很棒的感觉让我开始重视形象，改善着装，这又进一步让我感觉更好。甚至，老公和我也更加恩爱了！”

运用敲击疗法和自己建立联系，并重拾形体自信之后，我们就不再感觉自己受到威胁或无价值，就可以接受和给予爱。希瑟甚至都没有变瘦，而只是对身体更自信而已。那种自信让她得到了更多爱。

拥有自信的女人具有催眠别人的能力，一个微笑就能迷住别人。有气质、坦率、幽默感，这些特质都会让一个女人拥有吸引力。我们都曾经历过那一刻：某个人一走进房间，整个屋子都被她点亮了。其实，点亮房间的不是她的外表，而是她拥有的能量。让自己成为那个美丽的自己，点亮你走进的每一个房间吧。

现在，我们已经探索了可能阻碍我们减肥的行为、事件、信念和情绪，准备好了进一步探索我们是如何关心自己和自己的身体。那就是本书第三部分的任务。我想说的是，我们可以通过改变生活方式，重获形体自信，来实现减肥瘦身的目的。再接再厉，坚持下去吧！你已经取得了很大的进步。

自信点，你的身体值得你骄傲

手 刀 点：尽管认为身体有魅力让我感到不安全，但我依然爱自己，接纳自己，接纳自己的身体。（重复 3 遍）

眉毛内侧：我对身体感到不安全……

双眼外侧：所以我一直瘦不下来。

双眼下方：我用这种方式保护我自己……

鼻子下方：以及隐藏自己。

下　　巴：但是我依然感到不安全……

锁　　骨：尽管已经很胖了。

腋　　下：所以我愿意用一种新方式……

头　　顶：让自己感到安全和强大。

眉毛内侧：我要让身体更苗条……

双眼外侧：让能量更充沛。

双眼下方：拥有更苗条的身体是安全的。

鼻子下方：现在我感受到了自己拥有的巨大能量。

下　　巴：身处自己的能量场内我感觉很安全。

锁　　骨：身处能量场内让我感觉自己很强大。

腋　　下：对自己的身体感到自信是安全的。

头　　顶：我信任并且追随自己的直觉。

眉毛内侧：我要活在当下。

双眼外侧：我意识到了自己的呼吸。

双眼下方：我信任自己的直觉。

鼻子下方：我可以做出选择。

下　　巴：我有能力采取行动……

锁　　骨：而且我现在就要这样做。

腋　　下：我的感觉更重要……

头　　顶：比其他任何人的想法都更重要。

眉毛内侧：减肥可能意味着我将吸引到别人的赞美……

双眼外侧：或是不想要的关注。

双眼下方：我可以感觉到身体的安全和强大。

鼻子下方：我越是在乎自己的想法……

下　　巴：就越少在乎其他人的想法。

锁　　骨：这些只是我的想法……

腋　　下：我有力量采取行动……

头　　顶：用任何我觉得合适的方式。

眉毛内侧：坚定立场让我感到安全。

双眼外侧：得到夸奖让我感到安全。

双眼下方：我知道我的价值不仅仅取决于我的身体……

鼻子下方：而且我依然可以爱和欣赏我的身体。

下　　巴：当我感觉自己在情感上更坚强时，也感觉身体更强壮了。

锁　　骨：当我感觉身体更强壮时，也感觉自己在情感上更坚强了。

腋　　下：现在，拥有这样一副身体让我感觉很棒。

头　　顶：我把身体照顾得越好，就感觉自己越安全、越强大。

眉毛内侧：我感觉可以控制自己……

双眼外侧：而且很强大……

双眼下方：在一个更苗条的身体里……

鼻子下方：在更强大的能量场里。

下　　巴：做自己让我感觉很自由。

锁　　骨：我再也不需要躲藏。

腋　　下：我感受到了身为女性所获得的祝福。

头　　顶：我很强大。

第 9 章

与运动建立新的互动关系，享受运动的乐趣

当我们为体形所苦时，容易陷入两个极端：逃避运动，或把运动当作自我惩罚。而不管你处于哪一端，运动都会与痛苦画上等号。幸运的是，敲击疗法能帮助我们与运动建立新的互动关系。

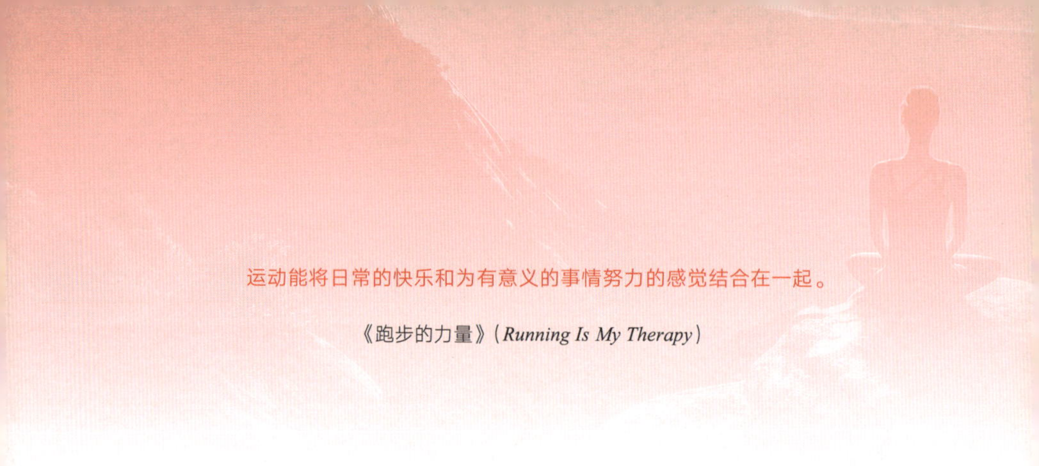

运动能将日常的快乐和为有意义的事情努力的感觉结合在一起。

《跑步的力量》（*Running Is My Therapy*）

当我们为体形所苦时，容易陷入两个极端：逃避运动，或把运动当作自我惩罚。当我们逃避运动时，它就成了一件极度痛苦的事。因为它会强迫我们面对自己的体形，而一旦面对自己的体形，就会忽视最初的运动需求。我们会纳闷：为什么我要受这种罪？我们被痛苦淹没，内心不断挣扎，苛刻地评判自己的身体，同时满怀悲伤和内疚。如果运动给我们带来了生理疼痛，我们就会愤怒和沮丧，进而触发大脑的应激反应。

如果是另一个极端——把运动当作自我惩罚，我们就可能会把运动当成胖子需要承担的后果。如同用言语折磨心灵那样，因为我们（身材）“不够好”，所以需要用运动折磨自己的身体。如此一来，运动就成了“痛苦”的代名词，从而成为难以忍受的事。而一旦痛苦稍微减轻，或者注意力被其他事情分散，我们就会捡回旧习惯，继续不运动的日子。

许多女性都徘徊于这两个极端之间，漠视自己的需求、任由痛苦和恐慌推着自己去运动。无论是哪个极端，都会让我们厌恶自己的身体，不怜爱和疼惜自己，也永远无法享受运动。这种消极关系严重阻碍了我们成功减肥和增强形体自信。幸运的是，敲击治疗能帮助我们与运动建立新的互动关系。这是我的亲身体验，因为我比任何人都惊讶于运动带来的变化，而我也从未想过自己会崇尚运动。

我的许多客户都和我一样，用敲击重新建立了与运动之间的关系，而这一过程也让我们重新认识了孩提时代就已知晓的道理——运动可以带来无尽的乐趣和享受。不管你现在对运动持何种态度，只要你开启这个程序，开始敲击，你就自然而然地动起来，享受运动的乐趣。

“体育课上的尴尬经历，让运动成为一种惩罚”

“奥特纳，跑 3 圈！如果你敢偷懒的话，给我小心点！”跑完第一圈，上气不接下气的我不禁在心里暗暗诅咒体育老师。她和足球老师一样，都喜欢在我不听从指挥或注意力不集中（经常性）时罚我跑圈。虽然这种经历算不上惨痛，却让跑步对我来说成了一种惩罚。

我的很多客户都因为感觉不自在或跟不上进度，而在上学时就与运动建立了消极关系。莫莉就是这样。有一次，她的头撞上了排球，遭到了其他女孩的嘲笑，于是开始对运动深怀恐惧。也正是这段经历，让她认为运动会使自己难堪。另一位客户莎伦，在一次体育课的强制跑步中得了最后一名。抵达终点线时，她筋疲力尽，浑身疼痛，而所有同学都站在旁边围观，这让她无地自容。从那天起，她就认定自己不擅长运动。

尽管这么多年过去了，体育课已经成为遥远的回忆，但这些看似不起眼的小事却深埋在我们的记忆里，给我们的运动信念奠定了消极的基础。如果不处理这些回忆造成的压力，我们就会继续找借口对运动敬而远之。如果一动运动的念头，杏仁核就产生“战斗还是逃跑”的应激反应，我们的大脑就会认为运动很不安全，就会调动一切资源避免运动的发生。

你关于锻炼的最初记忆是什么？在和体育运动有关的经历中，你是否遭到冷落，感觉尴尬，被惩罚过？如果你发现记忆中有压力堆积或令人沮丧的事件，请回到第5章，针对这件事情进行敲击，直到这件事造成的压力和情绪都消失为止。

探索关于运动的信念：是什么让你讨厌运动？

不管是否来自过去的事件，阻止我们运动的最大障碍都是信念。有些情况下，最具有束缚性的运动信念与我们的认知（我们是谁）关系密切，有时候还与我们的想法（我们可以做什么）密不可分。如果要消除因为被运动问题困扰而产生的负担，清除阻挡我们前进的障碍，就需要探索与运动有关的最常见的负面信念。

“我永远不能成为运动爱好者”

“我永远都无法瘦下来，因为我根本不是那类人。”有一次，露西在我的网络课堂上这样说。她曾在家里尝试跟着运动视频一起做运动，最终却以失败告终，因此她确信自己永远都不会像视频里的女性那样自在地锻炼。她说：“每当我试着运动时，都会想起学校里那些矫健的运动员，而我永远不会成为他们。”运动让露西非常痛苦，所以她潜意识里有一个信念：运动不符合她的认知，她永远不能成为运动爱好者。针对露西对运动的认知，我对她进行了敲击治疗，并引导她想象自己就是一名运动员——实实在在地想象那个画面，然后留意自己的思维动态。

“我想到一位熟识的女士，”她说，“我非常崇拜她。她报名参加了一场旨在唤起人们关注慈善的徒步运动。她当时大概七十二三岁，但仍然为自己设定了 30 英里（约 48.28 公里）的目标。当时是夏天，气温直逼 38 摄氏度。虽然在此之前，她从未在这样的环境下参加过这样的活动，但最终，她做到了。”

为何一次简单的思考会让露西取得重大突破？我们在运动时的想法，决定着运动产生的愉悦度。露西逃避运动，是因为运动会提醒她，她不应该用运动把自己和想超越的励志人士联系在一起。但这种正面的联想，也会让露西很兴奋。

在你的生活中，有没有这种与运动相关的、健康的、正面的人物？你可以不认识他，但你必须认同他，被他的成就鼓舞。这样，你才能和运动建立积极的关系。当我们认为运动不符合自己的认知，或认定运动是别人才能做到的事情时，就需要更加强大的信念来激励我们去运动。

情形 1 “我就是不擅长运动。”由于运动通常与学校的体育比赛联系在一起，所以我们经常把它与“足够优秀的人”绑在一起。正如我们所见，信念塑造了经历。如果我们一直怀着“我就是不擅长运动”的信念，那它就会成为既定事实而无法被改变。

一旦摆脱了这种束缚性信念，我们就会看到运动没有好坏之分，也没有输赢之别。运动只是我们与身体建立起的庄严关系的一部分。运动是我们对生命表达感恩之情的方式之一。我们不需要在运动中表现出最佳水平，也没必要跑得更快或跳得更远，我们只需要定期让身体动起来，保证健康就好。

我的教母就是一个极好的例子。她在 56 岁时依旧是一名跑步健将，体形保持得很好。她每天都晨跑，非常喜欢以跑步的方式迎接日出。但是她能跑多远以及跑多快呢？连她自己也不知道。对她来说，跑步只是缓解压力、让身体充满能量的方式。

我曾运用敲击疗法清除了诸如“跑步是惩罚”“我永远都无法享受跑步”（每一圈都是煎熬）这样的束缚性信念。11 月的一天，我决定沿着哈德逊河跑一跑。受到教母的启发，我没有为自己设定任何时间、速度或距离的限制，有一段路我甚至用散步代替了跑步。我抱着享受的心态让自己运动起来，却意外地打开了新世界的大门，发现了一种与身体沟通的新方式。

我喜欢冷空气围绕皮肤的感觉，以及滨水区给我的兴奋感。我还发现，亲近自然让生活中的点点滴滴都变得更美好了。在我的生命中，跑步具备了崭新的意义，因为它让我听清楚了大脑的各种评判。现在，跑步已经成为我最喜欢的活动之一。我不需要考虑自己是否擅长跑步，只需要享受户外光景，感受精力充沛的自己即可。

情形 2 “我不喜欢运动。”很多人都说不喜欢运动，但是我要说的是：你们的身体喜欢运动。你的大脑不喜欢的是运动过程中的审判和惩罚。

事实上，我们需要不断运动才能保持身体健康。研究表明，久坐不动对健康危害巨大。如果不运动，身体就会遭遇更多疼痛和折磨，患病的概率也大大提高。尽管了解运动对身体的益处，但如果它会引起情感痛苦，我们依旧会逃避。这就是为什么我们需要用敲击疗法与运动建立新关系。只有建立良好的运动情绪基础，才能很好地运动，反之则不然。

你所谓的“不喜欢”运动的真实原因是什么？它会引起你的焦虑感、恐惧感或者其他负面情绪吗？从手刀点开始敲击，你可以说：“尽管我不喜欢锻炼，我依然爱自己，接纳自己。”重复 3 次，然后按照顺序敲击穴位，看看你会收获什么。请相信我：每个人都有自己喜欢做的事情。每个人的情况都不一样，不是所有人的运动方式都是跑步，你还可以选择瑜伽、舞蹈、散步、登山等，找到适合自己的方式即可。

情形 3 “运动让我很难堪。”奥特姆最后一次锻炼是 3 年前。“我以前非常喜欢瑜伽，所以我的朋友一直鼓励我和她一起上瑜伽课，可我迟迟没有行动。我真的没时间。”奥特姆一直认为自己的日程表太满，没有时间上瑜伽课，但我觉得她另有隐情。

“我希望你想象自己进入瑜伽课教室的情景。情景里有什么让你觉得不安全或者不舒服的东西吗？”我问道。

“很多东西都让我害怕。”她回答道。奥特姆体重超过 102 千克，拖着这样的身体去运动会让她很难为情。她解释说："我害怕大汗淋漓的感觉，害怕气喘吁吁，害怕自己做不好动作，害怕别人盯着我，对我评头论足。"

当我询问是否有其他事件导致她产生这样的信念时，她立即给予了否定，并称这些想法只存在于自己的脑海里。接着，我又问她在锻炼时都想些什么。"你会不会在脑子里评判自己呢？"我问道。她毫不犹豫地承认了。

我们害怕的来自他人的评论，往往是我们对自己的评论的映射。在第 6 章中我谈到，我们总是对自己提出严格要求，严厉地对待自己。于是我和奥特姆用敲击治疗了她对运动的恐惧，在刺激穴位的同时大喊出提示语后，她渐渐放松下来。当我们以深呼吸结束敲击治疗后，我让她再次想象瑜伽教室。"我感觉每个人都在为我加油打气，"她说，"如果我可以练瑜伽的话，那么所有人都能练。我可以激励他人！"

我之所以钟情于敲击治疗，是因为在敲击治疗清除我们的恐惧后，大脑会自动用积极、正面的信念或想法填充空缺。这就是奥特姆身上发生的变化。

奥特姆不再害怕别人的评判，焦虑值也从 7 分降到了 2 分。随后，我问她还有什么感觉。"有一种尝试新鲜事物的紧张感，但是我愿意试一试。我已经等不及了。"就在我们的课程结束之后，她就跟她朋友一起参加了 3 年来的第一次瑜伽课。

在第二周的培训课程上，我问奥特姆上瑜伽课的感受如何。很巧，那次瑜伽课的主题是热瑜伽（Hot Yoga，又称高温瑜伽或热力瑜伽，在 38℃～40℃的高温环境中做瑜伽。——译者注)，奥特姆一踏进教室就大汗不止。课程开始不久，她就感觉自己无法动弹了。

但神奇的事情发生了：尽管所有恐惧和担忧都成了现实，奥特姆还是非常开心，并因为参加了瑜伽课而感到自豪。由于她已经清除了自我评判，在她眼中，同学们都在努力做好自己的动作，没有人对她评头论足。

从此以后，奥特姆坚持每周上一次瑜伽课，每天散步 20 分钟。她变得越来越自信，也越来越自在。奥特姆表示，每次运动她都感觉很开心，而且不再害怕锻炼了，而是把锻炼当成欣赏自己身体、放松大脑、享受运动过程的机会。

“我这样做根本毫无意义”

起初，我的很多客户都和奥特姆一样抗拒运动，但是当她们开始敲击治疗时，就意识到原来自己正遭受着内心对话的荼毒。正如之前所说，如果我们在运动时怀有消极、批判性的想法，就体验不到乐趣。

在运动时，你是否会听到脑中苛刻的评判之声？试着回想你最近一次运动的情形。你想到了什么？有没有一个声音在不停地说：

- “你做错了！”
- “你跟不上别人！”
- “你的样子真可笑。”
- “你太弱了。”

- “你太肥了！”
- “这简直是折磨！”
- “这些都毫无意义！”
- “你根本不适合做这些。”
- “你这是在让自己难堪。”
- “所有人都盯着你。”
- “你怎么会变成这个样子？”

那么多聪慧、善良、可爱的女性都纵容着这些苛刻、无情的内部言语，被它们决定着自己可以成为谁，以及成不了谁。接受敲击治疗后，这些消极的声音会被消除。这样，我们就可以把多年来洒在别人身上的爱也分给自己一点。

找出与你的情况最契合的描述，或者你自己写一份。当你在思考或说出这些话时，带着怎样的情绪？那些描述的真实度如何？用0到10为情绪强度评分的话，你打多少分？即使简单地表达内心的恐惧，也会产生难以置信的效果。你可以根据以下顺序进行敲击。

手 刀 点：尽管我在锻炼时不停地评判自己，但我依然爱自己，接纳自己。（重复3遍）

眉毛内侧：我在运动时，这些消极的声音会冒出来……

双眼外侧：它说我做的一切都是错的。

双眼下方：它说这样会让我不自在。

鼻子下方：享受运动真的很难……

下　　巴：我陷入了消极思维。

锁　　骨：现在我把这些想法都说出来，把它们释放掉。

腋　　下："你做错了！"

头　　顶："你跟不上别人！"

眉毛内侧："这毫无意义！"

双眼外侧："放弃算了！"

双眼下方："你应该结束痛苦！"

鼻子下方："这太难了！"

下　　巴："你还是不够好。"

锁　　骨："你在让自己难堪。"

腋　　下："人们在对你评头论足。"

头　　顶：我脑子里的所有声音……

当原始敲击目标的主观焦虑评分低于 5 分时，你就可以开始积极描述的敲击治疗了。

眉毛内侧：我听到这些声音……

双眼外侧：但是我可以选择相信这些声音，也可以不相信。

双眼下方：这些声音听起来好蠢。

鼻子下方：我掌握了主动权。

下　　巴：我选择听那个平和的声音……

锁　　骨：它在说"我能行！"

腋　　下：我正在做……

头　　顶：很高兴我来运动了。

眉毛内侧：放弃成为最优秀的人的念头……

双眼外侧：我允许自己的身体动起来。

双眼下方：在任何不自在的场合，我都能平静下来。

鼻子下方：我尽力了，这就够了。

下　　巴：我为自己感到自豪。

锁　　骨：加油！

腋　　下：不管我做了什么，我都尊重自己。

头　　顶：我可能不是最优秀的，但一定是不可阻挡的！

深呼吸，看看自己的感觉。再次测量主观焦虑评分，继续敲击，直到负面的信念全部被清除为止。

“运动与我的生活格格不入”

当我们不自觉地抗拒运动时，脑海里的信念通常都是关于“为什么运动与我们的生活格格不入”。我们没有正视自己的内心世界（与运动和身体有关的信念和情绪），而是指望外部环境来解释为什么我们不做（不能）运动。起初，这些信念相当令人信服，但是当敲击疗法清除了我们对锻炼的内在排斥因素后，我们会发现，外部环境能很快适应我们对运动的新需求，让我们有更多时间动起来。现在，让我们来看一些常见的借口吧。

情形 1 “我没时间。”正如我们之前提到的，在针对抗拒运动的深层原因进行敲击之前，奥特姆也深信自己没时间运动。每次一提到运动，她都会把又长又复杂的日程表详细地数一遍。她觉得这就是她没时间运动的证据。

但在我们一起挖掘阻止她运动的根源之后发现，恐惧和自我评判才是她抽不出空上瑜伽课的真正原因。所以，当我们说没时间运动时，实际上是在说，我们不知道该如何面对内心世界。我们不知道该如何处理那些恶化我们与运动之间关系的情绪、压力，甚至回忆。这时，我们可以用到一个非常有效的工具——敲击疗法，它能让我们以前所未有的速度和效率完成运动。

我们需要深挖“没时间”这个借口背后隐藏着什么。现在，花上几分钟问问自己：“为什么我没时间运动？”当你想象自己做运动时，是否会认为运动是在浪费时间？还有其他消极的感受、声音或者回忆吗？如果有，那是什么呢？一天总共有 24 小时，也就是 1 440 分钟，而运动只需要 30 分钟。那些最成功、最忙的人都能挤出时间做运动，因为他们知道运动对取得成功意义重大。你有什么比他们更大的难处吗？

维珍集团创始人：运动是第一高效秘诀

忙得没时间运动，真的是这样吗？维珍集团创始人理查德·布兰森（Richard Branson）有 400 余家公司，出版过多本图书，同时是活跃的慈善家，且保持着许多个人爱好。当被问及他是如何兼顾所有事情时，布兰森坦言，运动是第一高效秘诀。

研究结果证实了他的说法。调查显示：运动不仅能够提高创造力，改善睡眠，还赋予你更多能量，让你更高效。这就意味着，越忙碌越需要运动，而不是减少运动或干脆不运动。

情形 2 “我累到不想运动。”我们之所以不运动，是因为太累了，但同时，我们又因为不运动而累到不行。该如何打破这个令人讨厌的怪圈呢？

当你因为太累而不想运动时，请在脑海里想象一下运动的场景，这也能赋予你能量。这个说法听起来似乎很可笑，就跟说躺在沙发上能减肥一样荒谬。尽管我们可能都知道，或者相信运动能增加活力，但有时我们就是很难克服疲劳。纯粹的意志力有时会起作用，不过强迫自己运动只会深化“运动是惩罚”的信念。所以，我们可以在锻炼前用敲击疗法来增加活力。

通常情况下，压力是疲劳的根源。一旦压力得以释放，我们就能获得更多能量。相信我，真的有用！现在，当我抵制或质疑运动时，都会先用敲击疗法来缓解不适，最终我真的会抬脚去运动。当你累到不想运动时，可以采用以下敲击顺序来克服疲劳。

手 刀 点：尽管我不想运动，但我还是接受自己。（重复 3 遍）

眉毛内侧：我不想运动。

双眼外侧：我筋疲力尽了……

双眼下方：我还有其他事情要做。

鼻子下方：我太疲惫了。

下　　巴：是这些因素在阻碍我运动……

锁　　骨：疲劳……

腋　　下：我只想放松。

头　　顶：我只想休息。

眉毛内侧：也许这比我想象的更简单。

双眼外侧：也许运动就是我需要的休息。

双眼下方：我愿意把事情变得简单一些。

鼻子下方：我愿意让它变得更有趣。

下　　巴：我只需要开始运动就好了。

腋　　下：我需要能量。

头　　顶：我已经准备好了。

情形 3 “疼痛、疾病让我没法运动。”多项研究已反复证明，运动可以强化体能。佐治亚大学的一项调查显示：经常久坐不动的人，如果能连续 6 周每周进行 3 次 20 分钟的中低强度有氧运动，体能也会比疲劳程度稍低但不运动的人更强。

“我放弃了自己。一夜之间，我就得放弃所有让我开心的事情。”马尔奇说。在 2007 年被确诊患有桥本氏甲状腺炎的马尔奇总是疲惫不堪。于是，她不得不放弃一直热爱的运动，包括骑行、舞蹈和瑜伽等。经年累月不运动后，她的体重上升了 23 千克。这让马尔奇认为自己又笨重又丑陋，于是不断对自己说：如果你不能做好过去经常做的瑜伽动作，或者骑着自行车登上附近的小山，运动就没有丝毫意义。

针对她的压力以及由身体引起的愤怒和挫败感进行敲击之后，马尔奇发生了惊人的变化。多年来，她都以为自己再也不能运动了，但是现在，她又重新跨上自行车，重新开始瑜伽锻炼了。马尔奇不再认为运动不利于身体健康和疾病治疗了，而是把运动当成让自己感觉良好的方法。这是自确诊之后的第一次，马尔奇把自己看作一个生病的正常人，而不是疾病的傀儡。

健康问题常常让我们感觉身体的能力非常有限。虽然生病中的我们不能做好每一件事情，但是敲击治疗后你会发现，真正阻止你运动的是由健康问题引起的压力和负面情绪。一旦接受这些限制，用敲击来清除这些压力、情绪和生理疼痛感后，健康状况就会随之改善，然后你会看到，其实运动并没有那么难。

当我们对自己充满爱意和耐心时，就能与控制了我们的身体、疾病甚至疼痛建立起全新的关系。最重要的是，我们发现，运动不仅能改善身体状况，还能改善情绪。大量研究证明，运动对人的心理、情绪和生理都有好处，可以预防糖尿病和心脏病，增强身体灵活性，强化力量，改善睡眠，缓解和预防焦虑以及抑郁等。使用敲击疗法之后，健康问题将不再是运动的障碍，反而会成为运动的最大动力。

为了减肥而运动，还是运动时顺便减肥？

运用敲击疗法解决体重问题之前，我都把运动当成减肥的重要方式。每次有运动冲动时，我都会对新运动视频或体育课充满激情，然后在日历上记下当日体重，开始记录饮食日志。随着时间的推移，激情会慢慢退却，很快运动的念头就会消失。

由于一直都把运动当成减肥的途径，所以当我在健身房看到那些身材苗条的女性时，都会不禁好奇：为什么你们还在这里运动？在我看来，她们已经非常漂亮了，不需要用运动来惩罚自己。所以每次我达到减肥目的之后，就会停止运动，这也难怪我的体重总是会反弹。

这个模式循环了好几年，最终，我意识到，减肥这个理由没能强大到激励我持续运动下去。于是我开始质疑自己对运动的认知，并探索为什么有人能够成功地把运动变成日常生活中不可或缺的一部分。

这次探索完全改变了我的人生。通过改善与运动的关系，让自己喜欢上运动锻炼（不仅包括跑步，还包括各种形式的锻炼）。我仿佛打开了新世界的大门，找到了变得更健康、更自信、更有活力、更漂亮的康庄大道。虽然我现在偶尔还是会因为太累或太忙而不去运动，但运动确实已经成为我生活中非常重要的一部分。可以说，我简直无法想象停止运动之后，我的生活会变成什么样子。

我坚信嫉妒心能变成好奇心，所以有段时间，我在街上碰到那些身材苗条的人都会凑上去询问：是什么激励你坚持运动？拿到几十份答案之后，我注意到，压根没人提到过“为了燃烧脂肪”

和“减肥”之类的理由。他们的第一反应几乎都是“运动能改善我的情绪”，或者“运动让身体更健康”。人们一遍又一遍地重复那些相似的话：“运动能帮我释放压力”“这是我独处的时间”或者“运动之后，我会感觉更好”。

这些惊人一致的反应让我意识到：我从来没有真正地运动过。我一直都忙于判断运动有没有给我带来身心益处。于是我开始怀疑，包括敲击在内的运动本身是否就是一种治疗方式呢？如果把运动当成一种心灵体验，那我会不会有不一样的感觉呢？

那个时候，我已经清除了那些与减肥有关的旧信念和模式。我叛逆、大胆、坚定，却为了取悦别人而抑制了本真。最根本的原因是我太胖，所以只能尽量让自己不起眼，以免受到评判与遭受苦痛。

后来，我针对自己对运动的抵抗情绪进行敲击，改变了对运动的态度，并意识到原来运动对我的治疗非常有帮助。不久，我就去上了跆拳道课，相当于直接把信念转变成为个人现实。在课堂，我有史以来第一次感受到了力量，听到了内心的呐喊。我开始意识到，与其吸收别人的能量，不如激发潜藏在自己身体里的能量。这是一个巨大的转折，让我在上完课之后感觉自己比以前更强大了。

在过去，我总是压制愤怒，羞于承认它、正视它，但现在，跆拳道成为我发泄愤怒的通道。瑜伽也教会了我聆听自己的身体，并保持顺其自然的心态。每一次运动完，我都感觉自己的灵魂变得更美好了。

我去运动的十大理由

1. 正如我的朋友埃琳·斯塔兰德（Erin Stutland）所说的：“身体的运动促进生活的变化。”这句话一次又一次在我的身体和生活上得到印证每次，当我陷入困境，就会明白过来：是时候运动一下了。
2. 运动也是在感恩身体为我们所做的一切。
3. 运动使我感觉自己与身体和大脑相互联系，这能让我做出更好的决策，保持最良好的状态。
4. 运动会让我更加睿智，更有创造力。(多项研究证明，运动可以增强大脑血液循环，刺激大脑内部的创造区域。)
5. 运动对我来说是一种心灵体验，是运动型祈祷和冥想。
6. 运动使我感觉自己更强大、更自信、更漂亮、更性感、更有存在感。
7. 运动使我活在当下，助我保持内心的平静。
8. 通过运动，我能对自己表达爱意，所以我在运动时会不断提醒自己：你没有辜负自己的爱。
9. 运动使我变得幽默，充满活力。
10. 运动用深刻而真实的方式让我变得更加强大。

你注意到这里缺了什么吗？我的清单上不再出现“燃烧卡路里”“减轻体重”这样的字样了！你运动的动机是什么？你想和孩

子一起变得更有魅力、更幽默吗？你想让生活更有创造力、效率更高吗？是什么让你从床上爬起来，运动起来呢？列个清单，写下你运动的动机。如果发现新的动机，随时加上去。

如果不运动的话，我们就不能体会到自身的真实能力，了解这一点非常重要。运动就像敲击治疗，能帮助我们调节情绪。采用敲击治疗剥离并释放了束缚性信念后，运动就会取得更出色的效果。运动并不是为了达到某种目的，而是一种把我们与自己、身体以及自身能量联系在一起的即时体验。

5 个实用技巧，让你爱上运动！

针对抵抗运动的情绪，包括压力、情绪障碍、生理疼痛以及任何影响你对运动的态度的因素进行敲击治疗之后，你会因为运动而感到兴奋，相信你一定会为这个改变大吃一惊。为了帮助你保住并充分利用这一利好势头，我将为你奉上我和我的客户这些年来积累的实用技巧。

技巧 1　运动没有商量的余地

有一位朋友曾说过："人们并不纠结于运动本身，而是纠结于要不要去运动。"我们通常都花太多时间思考"我们'应不应该该'去运动"，就像这是一个艰难的决定似的。但如果搁置这个问题，说做就做，想到运动就去运动，我们就能不知不觉地完成运动。更重要的是，我们的感觉会更棒！就像耐克那句打动了许多人的广告语一样：想做就做（Just do it）！如果我们不再思前想后，把运动当成一件没得商量的事，那我们一定能感受到运动带来的益处。

技巧 2　找伙伴一起运动或寻求他人的支持

研究表明，有后援团的人往往能把事情做得更好。如果你要寻求后援，我建议你找那些身材比你好的人。有时，如果两个人的身材和健康状况处于相同水平，在锻炼时就很容易被双双打回原形，一起失败，互相安慰。做运动最好的办法就是找一个长时间定期锻炼的人，或者对你所选择的运动形式充满热情的人。

为什么那些坚持运动的人会想成为你的同伴？实际上，即便是那些公认的、最坚定的健身爱好者，偶尔也会因为忙碌的生活动摇运动的信念。如果你能成为他们的后援团，他们会感激不尽。而且，有同伴一起锻炼也会很有趣。

我的健身同伴是我的朋友莎拉。她说自行车上的她才是最真实的她。虽然我们不在一起锻炼，但我们大多数早晨都会相互发短信，激励对方起床去锻炼。有时，我们会给自己设定有趣的运动目标；有时，我们会鼓励对方在天气恶劣时也坚持出门运动。事实证明，总有一些日子（尤其是又黑又冷的冬天），我们需要更多的勇气和能量才能起床，但健身同伴会让这一切都变得更简单、更有趣。

技巧 3　让锻炼变得有趣

当奥特姆 3 年来第一次上瑜伽课时，她尝试了许多种类型的瑜伽，直到最后才找到喜欢的那一种。所以，你得去尝试，了解怎么才能让锻炼变得更有趣。上上舞蹈课，看一些有趣的健身视频，或者到附近的公园散散步。你可以根据心情选择一种或多种运动方式。

有时，你可能需要一些愉悦的消遣。有一回，我发短信给朋友娜塔莉，询问她在不想运动时怎么激励自己。她的答复只有4个字：《真爱如血》。为什么一部关于吸血鬼的电视剧能激励她去运动呢？原来，她把电视剧下载到手机里，并只允许自己在跑步机上看。这个方法让她的运动变得非常有趣，非常值得期待。“不知不觉间，我就沉浸在电视剧里了，当一集电视结束后，我发现自己已经在跑步机上跑了一个小时。这样，我既可以运动又能看到最喜欢的电视剧，感觉很棒！”

我喜欢在椭圆机（Elliptical Trainer，一种心肺适能运动训练工具。——译者注）上阅读历史小说，还经常因为沉浸在故事里而停不下来。你可以把电子书阅读器或者其他阅读设备的文字放大，这样，即使在运动中，阅读起来也会更方便。

接下来是一些我的个人爱好。如果墙壁会说话，那我的单人舞会一定会变成邻居的饭后谈资。从沙发上跳下来，穿着袜子试图在木地板上走太空舞步——我太爱独自跳舞了，完全控制不住自己。我可以化身为拉丁女神夏奇拉，也可以变身成摇滚天后蒂娜·特纳，任何时候我都乐在其中。如果你有一段时间没运动的话，可以尝试在起居室跳跳舞。找一首你最喜欢的歌，跟着音乐节奏动起来。你可以尽可能表现得愚蠢一些、顽皮一些。没关系，我们不需要严格规范自己的动作，只要把它当成表达乐趣以及对生活的感激之情的方式即可。

不管你选择哪种运动方式，都问问自己：如何让运动变得更有趣呢？在健身房边运动边看最喜爱的电视剧？疯狂地舞蹈，还是去户外看看似锦繁华？

技巧 4　在不适中找到舒适

我一直都留意，在运动的最初 10 分钟里，我停止运动的欲望最强烈。当所有事情都让我感觉难熬时，呼吸会变得急促。但如果我继续运动下去，呼吸就会稍微平缓一些。我对这个现象观察了好几年，并做了一些调查，最终发现：运动的前 10 分钟是所有人都最难熬的时间，即使优秀运动员也不例外。在这 10 分钟里，你的身体正在适应运动过程。而之所以会感觉难熬，是因为身体来不及向肌肉输送足够的能量。

记住，运动时千万别把最开始的不适感当成无法继续下去的信号。此时应该做的不是停下来，而是专注于那些驱使你继续运动的积极想法。通过实践，你会发现在短暂的不适之后，运动会变得越来越轻松。

运动时，你一定要自我肯定。跟我一起运动的一位女性曾大喊："我可能不够快，但是我能够在可以不来的时候也坚持到场。"她一次又一次地重复这句"咒语"，竟然减掉了 50 千克！

所以，每当我在运动的前 10 分钟里苦苦挣扎时，都对自己说："匀速，平稳。"我不需要强迫自己打起精神，以最快的速度奔跑，只需要让步伐更平稳一些就行。因为这样听起来比较轻松而且不费力，可以激励我继续跑下去。

技巧5　永远不要低估散步的力量

柏拉图、亚里士多德、阿尔伯特·爱因斯坦和史蒂夫·乔布斯这些历史上最聪明的人都酷爱散步。散步是非常好的运动方式，可以解除疲劳，减轻压力，增强大脑功能，提升创造力。史蒂夫·乔布斯很喜欢边散步边开会。他甚至为了配合行走式会议而建造了新的公司总部！我的一名学生效仿他，边散步边做敲击治疗，真是好主意！

找到运动的乐趣

手刀点：尽管我抗拒锻炼，我依然爱自己，接纳自己。（重复3遍）
眉毛内侧：我就是抽不出时间。
双眼外侧：我精力不够。
双眼下方：我不想运动。
鼻子下方：我还有好多事情要做。
下巴：运动让我很不舒服。
锁骨：这种感觉真折磨人。
腋下：我筋疲力尽了……
头顶：一想到运动我就浑身乏力。

眉毛内侧：我知道运动对身体有益……
双眼外侧：但是这感觉可能不是真的。

双眼下方：我要清除阻挡我运动的一切。

鼻子下方：我知道我应该运动……

下　　巴：但是我在反抗它。

锁　　骨：也许我并非一定要运动。

腋　　下：我可以选择性地运动。

头　　顶：所有遗留的抵抗情绪……

眉毛内侧：我不想听到那些批评的声音……

双眼外侧：它们说我不够优秀……

双眼下方：它们叫我不要再尝试了……

鼻子下方：它们在评判我的每一个动作……

下　　巴：它们在评判我的身体。

锁　　骨：我现在敢于面对它们了。

腋　　下：它们在慢慢变弱……

头　　顶：我开始听到不一样的声音了。

眉毛内侧：我足够优秀。

双眼外侧：我可以做到。

双眼下方：我可以享受这些。

鼻子下方：我不需要成为最出色的。

下　　巴：只需要尽最大的努力。

锁　　骨：享受这一刻。

腋　　下：与身体建立联系……

头　　顶：我能变得更明智。

眉毛内侧：灵感开始涌现。

双眼外侧：我感觉自己又健康又聪明。

双眼下方：又清晰又自信。

鼻子下方：当生活陷入困境时……

下　　巴：我可以先让身体动起来。

锁　　骨：身体动起来……

腋　　下：生活就会发生改变。

头　　顶：人生也会发生改变。

眉毛内侧：我爱上了运动带给我的感觉。

双眼外侧：我可以感受到自己强大的力量。

双眼下方：没有所谓的目的……

鼻子下方：只需要享受自己的身体。

下　　巴：运动就是在对我的身体表达感恩之情。

锁　　骨：我非常享受这专属于自己的时光。

腋　　下：通过运动，我能挖掘出自己的潜力。

头　　顶：我热爱运动。

第 10 章

让身体决定什么食物最适合你

轻松瘦
THE TAPPING SOLUTION FOR WEIGHT LOSS & BODY CONFIDENCE

只要清除了潜藏的情绪和信念，我们就能与身体建立联系，让身体决定什么食物最适合自己。疲劳、腹胀、头痛、鼻塞等症状，都是身体发给我们的信号，提醒我们身体出了问题。现在，我们可以通过敲击疗法接收身体发出的信号，实时调整生活习惯。

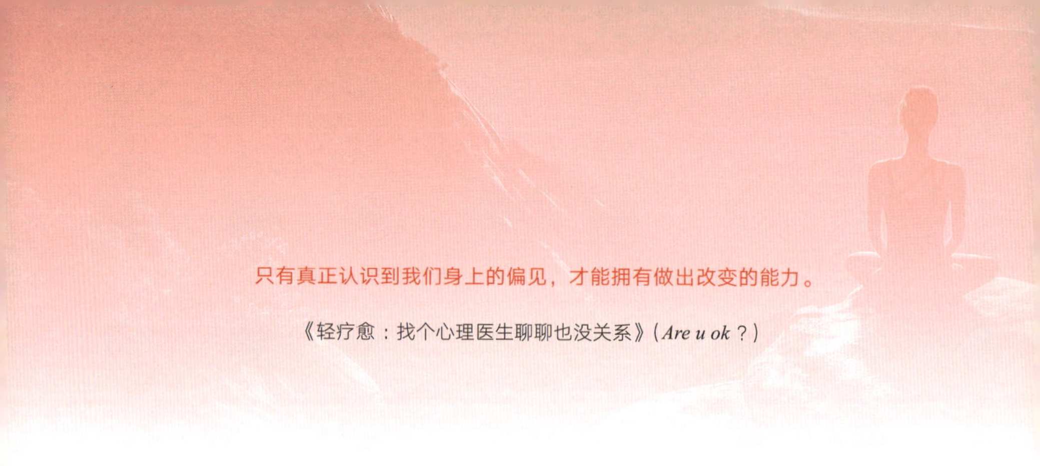

只有真正认识到我们身上的偏见，才能拥有做出改变的能力。

《轻疗愈：找个心理医生聊聊也没关系》（*Are u ok*？）

对大多数人而言，“吃什么”都是一个折磨人的话题，并让我们在减肥和形体自信之旅上压力倍增。为达到减肥的目的，我们不停地尝试各种“正确的”食物，但任何“健康”“低热量”的食物都没能阻挡体重的上升，至少没能持续阻挡下去。然后，我们责怪自己，怀疑身体出了问题。

同时，大部分所谓的“健康”“低热量”食物都对身体不利，它们攫取着身体的必需营养。而关于食物的讨论，正是本章的重点。通过敲击疗法，我们将终结这个令人沮丧的循环，了解哪些食物能帮我们减肥，并让我们精力充沛、充满活力。

当客户或学员提出想要减肥时，我会先了解她们的过往经历。我们已经知道，很多情绪和信念都会阻碍减肥大业。所以，我总是兴致勃勃地想弄明白，是什么对她们造成了重大影响。

据我了解，向我求助的人在减肥之前都会改变饮食习惯，而不是节食或者严格地遵守所谓的“健康饮食标准”。通常，如果我不问，她们也不会注意到饮食习惯已经发生了变化。而我写这一章的目的，就是希望大家能够自行发现饮食习惯已悄然改变。

通过针对情绪和信念进行敲击，许多女性都更加青睐有营养的食物，也更享受食物带来的幸福感。来自俄亥俄州的 57 岁退休人员安妮分享了她身上发生的变化。

> 清除了所有情绪障碍后，我能够清楚感受到身体的变化。之前，我虽然知道哪些食物不利于我的身体健康，却选择无视这一点，别人说吃什么我就跟着吃什么。但节食的压力真的很大！用敲击疗法与身体建立联系之后，我了解到身体需要什么，以及哪些食物会引起疾病。现在，我清楚地知道身体的感受，并知道哪些食物对我有益。我再也不害怕食物了。这种感觉真好！

这就是敲击疗法的神奇之处。只要清除了潜藏的情绪和信念，我们就能与身体建立联系，让身体决定什么食物最适合自己。疲劳、腹胀、嗳气、反酸、头痛、鼻塞等症状，都是身体发给我们的信号，提醒我们身体出了问题。然而，我们通常都无视这些重要信息，反而觉得身体背叛了我们。现在，我们可以通过敲击疗法改变这种错误认知，并根据身体发出的信号实时调整饮食行为。

健康就像金字塔，底层是情绪和信念，上层是运动和营养。如果情绪基础没有打好，我们不但要面对应激激素引起的消极状况，还要处理因饮食不善和缺乏运动导致的健康问题。在营养信息和饮食时尚泛滥的年代，“我该吃什么”成为人人不可避免的艰巨挑战。我们经常依赖所谓的“专家”，却忽略自己的身体才是最好的专家，我们任由自己被压力吞没，放弃享受美食，而只满足于方便又便宜的食物。

吃多少不重要，重要的是吃什么

谈及我们与体重、食物和身体之间的关系时，避不开由高压力、相互矛盾的饮食信息、大量对健康有害的廉价方便食品等交织而成的风暴。通过敲击疗法，我们可以用一种有效的方法管理压力，与身体建立积极的关系。虽然我们每天都会通过媒体和其他方式了解各种各样的与节食、营养和食物有关的信息，但并不知道隐藏在其背后的一些不为人知的真相。

为了探索这些隐藏的真相，我们先看一组数据。美国疾病控制与预防中心（Centers for Disease Control and Prevention，简称 CDC）的数据显示：69% 的美国人体重超出正常范围。1973 年，420 万美国人被确诊患有糖尿病。截至 2010 年，这一数字飙升至 2110 万。这些数据说明，在 40 年不到的时间里，美国糖尿病患者的数量几乎翻了 4 倍！很多人都把这一结果归咎于美国人太懒了，吃得多却不运动。请恕我无法认同。美国人民很聪明，也很勤劳。这里面一定另有原因，产生这一结果的关键不在于我们吃了多少，而在于我们吃了什么。

大多数人都没有意识到，摆满了货物的杂货店里的商品，尤其是袋装食品，都被特别设计包装了。它们促使我们在不知不觉中，选购了超出身体所需数量的食品。

食品行业有一个术语叫“餍足点”，表示在一组消费品组合当中，消费者最为偏好的一点，即在这一点以外的任何一点的效用都不如这一点的效用高，例如最适温度，过高过低都会引起消费者不适。《纽约时报》畅销书作者迈克尔·莫斯（Michael Moss）在《盐、糖、脂肪》（*Salt Sugar Fat*）中提到：最初，餍足点在苏打水中运用得最完美，此后就被运用于各种食物和饮料。

科学家和数学家精心调配了盐、糖和脂肪的比例，制作出了用于制造高利润食品的标准“食品配方”，生产出了商店里常见的包装“食品”。需要指明的是，这些所谓的“食品配方”并不是食谱，因为实验室里没有厨师、没有面包师。这些食品也不是在厨房里做出来的，即使是，也只是少数食品。

对消费者来说，这非常不利。尽管我们的意志力不低，也很聪明，甚至很勤劳，但仍然避不开食品生产商的圈套。食品生产商投入大量资金生产的食品，包括所谓的“健康食品”，刺激着我们的味蕾，让我们不断提高对食品的需求。其实，我们的身体已经饱了，再吃下去只会感觉不适，但这些食品故意强迫我们忽视这些信号。这些食品的存在就是为了让我们过度饮食。

本质上说，我们的身体没有任何问题，问题出在那些装在盒子和包装袋里的“食品”上。情绪会驱使我们从食物中寻找慰藉，而一旦尝到了味道，我们就会欲罢不能。另外，食品生产商还花了几百万美元制作广告，请一些身材苗条、笑容满面的人现场表演吃这些食物。广告就是要撩拨我们的情绪，把毫无意义甚至遥不可及的梦想强加给我们。

还记得那个“休息一下”和“饿了吗？来条芝士巧克力吧！”的广告语吗？这些广告语总会把所谓的食物和积极正面的事物联系在一起。事实上，当我们需要休息时，它们不可能给我们提供休息的机会；而我们饥饿时，它们也不会真正地填饱我们的肚子。

很多人“吃”的都不是食品，而是食品的包装盒。迈克尔·波伦（Michael Pollan）在《保卫食物》（*In Defense of Food*）一书中这样写道：“……过去，食品是指能吃的东西；如今，超市里摆满了各式各样看起来像食物的可食用物品。”喜剧演员迈克·比尔比利亚（Mike Birbiglia）也曾在推特上以更加幽默的方式表达过同一个观点：“我觉得健康饮食的关键，就是不要吃电视广告里的任何食品！”我非常赞同他的说法。

狡诈的“低热量”食品

食品生产商抓住了我们痴迷于健康和减肥的心理需求，于是在食品包装盒上印上“全麦”“新鲜水果”“对心脏有益”等字样，以迎合大众需求。不幸的是,这些“健康食品”也经过了高度加工。举个简单的例子，你就知道食品标签的欺骗性了。下面是一张“对心脏有益的全谷物”麦片的品牌清单：

- 谷类麦片（Kix）

- 水果早餐麦片（Trix）
- 全麦桂皮麦片（Cinnamon Toast Crunch）
- 多彩美味全谷物麦片（Lucky Charms）

尽管这些麦片可能含有少量的全谷物，但也含有大量对身体有害的糖类和人工配料。当我们不再关注这些“健康食物”时，就会感受到真正的食物对我们的影响。

脱脂和低脂产品往往都不健康，其糖分和人工配料含量非常高。食品生产商去除脂肪时，通常都会加入大量糖分（以及盐、钠等成分）来增加产品的味道。比如，低脂水果酸奶和脱脂沙拉酱就是典型的例子，两者都是糖分炸弹。

食用减肥食品也会引发意想不到的状况。迈克尔·莫斯的《盐、糖、脂肪》中提到：食品生产商如果想提高某一产品的销量，就会生产该产品的“健康”版、“低热量”版；等到消费者厌倦了“低热量”版后，就会重新选择最原始的那款产品。有种饼干在推出其“100 卡路里装”时就用过这一手段：这种饼干“低热量”版上架不久，原版产品的销量就飙升了。

我曾经与许多学员和客户一样，只选择低热量食品和所谓的“健康食品”，比如，我会选择吃年糕，因为它能让我瘦下来。使用敲击疗法平复压力和情绪之后，我清楚地认识到：一小块年糕根本满足不了我，我想要的是包装袋里的所有年糕！但事实上，年糕会使血糖浓度迅速提高，让你渴望甜食和其他“速战速决”的碳水化合物。所以，表面看上去，我是在让自己吃得健康一点，但其实只是助长了自己的食欲。

低热量苏打水的营销思路也如出一辙。尽管它们声称自己“不含热量”，但是越来越多的苏打水不仅会引起肥胖，还会导致 2 型糖尿病。因为人工甜味剂比真正的糖类更甜，会刺激胰岛素分泌，减缓新陈代谢，增加腹部脂肪，提高人体对如面包、面食等糖分、淀粉类食物的需求。

现在，我已经不再吃任何贴了“低热量”“脱脂”“无糖”等标签的食品。如果是全麦型或有机食品，那我就会仔细查看其标签和配料表。真正的食物不需要用标签来告诉人们它很健康，所以，如果贴了标签，一定要仔细瞧一瞧，辨别它是真正的食物还是加工食品。如果看清了食物的成分，并用敲击疗法清除与此有关的情绪，进而与身体建立了联系，那就可以享受美食了。

敲除“永远不够”的心态，治愈“食物囤积症”

我们面临的另一个挑战是：面对食物时，缺乏正确心态。第一次见佩塔·斯特普尔顿博士时，我们就讨论了她针对敲击疗法如何减轻体重的调查报告。在访谈接近尾声时，我问她：“与超重和肥胖症患者打了这么多年交道，你留意到他们的心态和行为有什么固定的模式吗？”

“有，”斯特普尔顿博士毫不犹豫地回答道，“许多与肥胖斗争多年的女性都喜欢囤积食物。即便她们不再渴望那些垃圾食品，也舍不得丢掉它们。”

斯特普尔顿博士和她的团队意识到：40 ~ 50 岁的女性都牢记着母亲和外祖母的教育——不丢弃任何食物；而她们的母亲和外祖母都经历过“大萧条”“一战”“二战”，那时候食物都非常稀缺。所以，她们习惯在橱柜里塞满食物，“以防万一”。

正如斯特普尔顿博士所说：“我们生活在一个非常有趣的时代。我们不缺食物，却缺少正确的心态。”即使我们拥有充裕的食物，也依然会囤积食物，还会吃个不停。

节食让缺少正确心态的后果更加严重，因为我们经常在严格控制饮食之前吃过量的甜点。把关注点放在“不准吃”的食物上，而不是寻找更健康的选择，会导致我们产生消极饮食心态，脑海里总有一个微弱的声音在说：“现在就吃光它们，快点！晚一点你就不能吃了！”一旦缺乏食物而引起情绪变化，我们就会用暴饮暴食来反抗。

我的一位学员曾说，她会在晚餐时费劲吃光所有意大利面，因为如果不吃完就要丢掉它们，她不想浪费。针对这个习惯进行敲击后她才恍然大悟，她之所以会养成这种习惯，是因为小时候母亲经常要求她吃光盘子里的食物，无论是她给盛多了，还是食物并不健康，理由是非洲还有好多饥饿的孩子吃不上饭。而吃掉那些意大利面后，她既没有表达对食物的感恩之情，也没有解决世界饥荒，只是强迫自己的身体接受消化能力之外的食物。

针对无法丢弃食物的行为做一些敲击治疗吧。首先，想象你有许多与健康目标不符的食品。如果不能把它们捐给食物赈济处，丢掉它们会怎么样？你会焦虑吗？脑海里闪现了什么念头？即使知道它们对身体有害，你还是觉得丢掉是一种“浪费钱”的行为，所以宁愿吃掉吗？花点时间，思考一下丢弃食物给你带来的负面情绪和想法。为你的情绪和信念评分，然后开始敲击。你可以参考以下顺序。

手 刀 点：尽管我为了不浪费而吃掉了所有食物，我依然接纳我自己，并选择换个角度看待这种行为。(重复3遍)

眉毛内侧：我必须吃掉它。

双眼外侧：不吃掉就会浪费。

双眼下方：不吃掉会显得我很没良心。

鼻子下方：我需要尽力吃掉所有食物。

下　　巴：我害怕丢掉……

锁　　骨：害怕浪费……

腋　　下：所有从父母那里继承的信念……

头　　顶：我要用另一种方式来看待。

眉毛内侧：在违背自己意愿的情况下，就算没吃光盘子里的食物也没关系。

双眼外侧：我不再是小孩子，不会被责备。

双眼下方：我是一名追求健康的成年人。

下　　巴：我给身体施加太大压力了。

锁　　骨：吃掉这些食物并不会让别人少挨饿。

腋　　下：我可以用其他方式对食物表达感恩之情。

头　　顶：我可以丢掉那些对身体有害的食物！

由于食物充足且相对便宜，很多人都会存储既不健康又不营养的垃圾食品。正如前文所述，散装食品和廉价食品的设计都是为了让我们过量饮食。但大部分人从小就被教导成食品囤积爱好者，一遇到食品大减价时都会批量购买。比如，当麦片大促销时，我们会拿上 6 罐、8 罐甚至 10 罐，而不是只拿所需的一两罐。

批量购买行为一般发生在金融危机时期，那时候钱往往不够花。食品销售人员知道我们看到苏打饮料大减价时一定会批量购买，所以利用这一心理制订了销售计划。虽然我们在批量购买时想要省钱的意图是好的，却忽视了一个重要问题：到底什么食物才能让身体健康、感觉良好？

布赖恩·文森克（Brian Wansink）博士在《食无止境》（*Mindless Eating*）一书中提到“仓库俱乐部的诅咒”。他针对散装食品买家进行了一个为期两周的调查，发现人们在购买廉价食品后的第一周会吃得非常多；随后，大部分人就会对它们失去兴趣；接着，一些人会强迫自己吃掉剩下的食品，以挪出空间进购新食品，而另一些人则会直接丢掉它们。实际上，这两类人都过量进食了那些不能滋养身体，甚至不能满足口腹之欲的“食物”。不难看出，这些“食物”的设计就是为了让我们放纵自己。

因为它们很方便、很便宜，而且到处都有大促销，轻易地吸引了我们的目光。更糟糕的是，与那些健康、营养和身体所需的食物相比，我们会在这些所谓的“便宜货”上花费更多钱。

你的购物袋里装了什么？

有一天，我打开购物袋，发现里面的东西真漂亮。我被那些新鲜的水果蔬菜散发出的亮丽光芒迷住了。于是，我骄傲地拍了一张照片发给嫂子布伦娜。她是一名健康教练，我们从中学7年级开始就是好朋友了。

看完那张照片之后，她给我打了电话。我们一起回忆起童年时光。她说，过去我们在卡通书上看到的购物袋里都装满了五颜六色的水果蔬菜，而现在却不这样了，现在的购物袋里装的再也不是五颜六色的食材，而是各式各样的包装盒了。

看一看你的购物袋，里面装的是包装盒还是新鲜食材？

很多人之所以会有体重困扰，是因为“一定要吃掉剩下的食物，好给新食物腾出地方”。这种观念是我们在无意识中形成的。如果买了与目标不符的商品，我们心里就会非常懊恼。而在吃东西方面，我们却始终没能端正态度，一再觉得不该把食物丢掉，并强迫自己吃掉不该的吃东西，再在第二天考虑节食的问题。

曾经，我也被这样的囤积心理困扰。每次开始新的饮食计划前，我都会先到厨房找一圈，吃掉所有对身体不利的食品。这样的进食根本谈不上优雅从容，而是一个人孤零零地站在那里机械地把食物挤进喉咙。毕竟，我不想“浪费”。我们根本囤积不了新鲜采摘的果蔬。我们只能囤积高度加工的食品,如巧克力棒、薯片、饼干以及一些加品食物。而我们必须面对的现实是，这些东西也解决不了全球饥饿问题。说到底，像芝士玉米片这样的食品十分可疑。所以，是时候仔细看看我们都往嘴里送了什么东西了。

虽然遵循了所有健康饮食的规则，但是调理身体时，我们就会意识到，自己先前完全忽视了身体发送的信号。如果我们以身体为向导，就能看到哪些规则适用，哪些规则对身体毫无益处。过分依赖专家建议和外界信息，对身体没有任何帮助。

如今，食物构成已经发生了巨大的变化。虽然我们知道这一现实，却无法左右食物造成的影响。即便是极其普通的食物，也会导致越来越多的人产生不良反应。2008 年，美国疾病预防控制中心的一项研究发现：1997 ～ 2007 年，对食物过敏的年轻人增加了 17%。

由于食物过敏患者数量的增加，一些地区医院的就诊人数出现了戏剧性的上升。虽然这一现象的形成原因尚且不明确，但这清晰地表明，我们应该更密切地关注身体对食物的反应。

克制食欲慢慢吃，留意身体的信号

有时，我们最渴望、最离不开、吃了第一口就再也停不下来的食物，最容易导致过敏。比如说，我就对烘焙蛋糕过敏。即使独自一人吃掉一大盒脆饼或一大盘甜饼，我的“甜食瘾”依然没有缓解。即使在用敲击疗法清除“甜食瘾”背后的情绪后，家里最好还是不要储存任何饼干，不然我会克制不住自己。我们都知道，大部分食物的设计都是为了让人们别停下来。

当我清除了“甜食瘾”和对麦制品的迷恋引起的情绪之后，体重迅速下降。我便秘好了，早上起来也不会流涕不止了，精力更加充沛了。更让我惊讶的是，我的饮食习惯也随之发生了巨大改变。

我的兄长亚历克斯跟我的经历类似，他对乳制品过敏。在我的童年记忆里，亚历克斯一直在擤鼻涕，一年到头都离不开纸巾。妈妈带他去看医生，所有人都把这当成过敏，还开了不少抗过敏药。而到亚历克斯上高中时，抗过敏药物几乎就成了他生活中不可分割的一部分了。

几年前，亚历克斯开始减少奶酪摄入量。这令他非常不开心，那可是他最喜欢的食物！不过，当奶酪摄入量减少后，亚历克斯的身体变得更好了，而且一直都那么好。早上起床之后，他再也不需要花30分钟来擤鼻涕了。

用真正的食物疗愈身体

如果有兴趣了解如何用食物来改变身体健康状况，我强烈推荐你读一读医学博士马克·海曼的作品，海曼博士是预防医学与促进健康的顶尖专家之一。他的《超新陈代谢》（*Ultra-Metabolism*）改变了成千上万人的生活，让他们每天一起床就神清气爽，状态良好。

亚历克斯的转变非常明显，也非常迅速，这种情况很少见。更有趣的是，当他到阿根廷拜访我的家人、吃他最爱的烤波罗伏洛干酪时，并没有出现任何不适。这可能是因为我家的烤波罗伏洛干酪是纯手工制作的本地干酪，而非加工干酪。

也许，对于亚历克斯这样的过敏性体质人群来说，问题不在于他们所吃的食物，而是食物的质量。工业加工型食物引起身体不良反应的可能性更大。而亚历克斯能有如此收获，就在于他能注意到身体对食物的反应，并及时调整饮食习惯。

请克制食欲慢慢吃,并留意饭后身体的感受。体重增加、腹胀、嗳气、便秘、腹泻、鼻塞、精神不振和经常性头痛，都是你对某种食物过敏的表现。做自己的侦探，留意身体在进食某种食物之后的感觉。如果花些精力和时间来关注身体，你就会发现，你的身体从来没有背叛你，只是想引起你的注意。是时候聆听它了。

前文已经说过，最上瘾的食物很有可能就是过敏原。消除对这些食物的欲望之后几天，身体会出现“脱瘾症状”。我戒掉麦制品时就是如此。先是腹胀、便秘、精神不振等症状加重；然后，情绪极度不稳定，头也痛得厉害，身体非常虚弱。当我针对这些症状进行敲击后，它们很快消失了。

如果没有敲击治疗，估计我会无法顺利熬过这一关。消除这些症状以后，我的身体比以往任何时候都健康，情绪、精力和身体的变化都非常大。

对有些人来说，敲击疗法能够预防脱瘾症。

埃莉就是一个很好的例子。她在戒除低热量饮料时，身体迅速做出了反应。幸好她最终运用敲击疗法成功戒掉了饮料上瘾。敲击疗法使戒瘾过程变得如此轻松，这让埃莉非常惊喜。此外，她的腹胀、嗳气等症状也得以减轻。埃莉说："以前，我真的无法抵挡低热量饮料的诱惑。现在，它也不过如此……我已经克服了'饮料会让我感觉更好'的念头。我喝一罐低热量饮料后，并没有什么了不起的事情发生。我没有激动，也不需要冷静，没什么特别的。我甚至觉得它一点儿也不好喝，都没法喝完！真的，它已经成为过去了，已经离开了我的身体。"

如果你想要戒掉对某些食物的依赖，请留意身体的反应，并配合使用敲击疗法，不要让脱瘾症状干扰你。这些症状是你的身体正在摆脱有害物质，趋于正常和健康的信号。

你的身体知道你应该吃什么

现在，我们已经了解了加工食品对身体的危害，但是还有一个问题没有解决：我们应该吃什么？这个问题的最终答案在你身上。

用敲击疗法清除了束缚性情绪和信念以后，你会与身体和直觉建立联系。如此一来，身体会告诉你它需要什么。我的很多学员和客户都发现，使用敲击疗法之后，她会有意识地远离加工食品，转而选择新鲜水果和蔬菜。让我们进行一些敲击练习，学习信任身体并让它引导我们吧。

手 刀 点：尽管我不知道该吃什么，但是我选择冷静，相信自己的直觉。（重复 3 遍）

眉毛内侧：我要让头脑冷静下来……

双眼外侧：以身体为中心……

双眼下方：我留意到，身体需要更多的爱和滋养。

鼻子下方：我相信直觉一定会指引我做出健康的选择。

下　　巴：我想知道该如何支援自己的身体。

锁　　骨：这很容易，也很有趣。

腋　　下：每次只选择一份食物。

头　　顶：那些对身体健康有益的食物吸引了我的注意力。

眉毛内侧：我感觉到身体发生了变化。

双眼外侧：曾经以为身体试图背叛我……

双眼下方：其实它只是想引起我的注意。

鼻子下方：我很想知道身体对食物会有什么反应。

下　　巴：我想试试那些对身体有益的食物。

锁　　骨：让身体决定自己需要什么。

腋　　下：我要保持坦诚，好奇，有耐心……

头　　顶：慢慢捕捉到身体对某些食物的反应。

身体往往最清楚自己需要什么营养和营养品。加工类食品可能含有陌生或者刺激性配料，有的甚至都不是真正的食物，配料非常复杂，这需要我们仔细检查。

另外，食品标签也会严重误导消费者。举个例子，“营养酸奶谷物棒”这个名字暗示它含有许多“身体必需的粗粮谷物”和“上好的钙质”，“营养”二字更是信誓旦旦。但当你真正仔细看过这些酸奶棒的配料表后，你会发现里面含有 56 种原料。就我个人而言，我从来没有做过需要 56 种配料的食物。

虽然我不是饮食专家，但我也知道“食用色素红色 40 号”可不是长在树上，更别说那些几乎没法读顺溜的配料。根据常识，我可以判断，即便有不少配料确实对身体有好处，但由它们混合加工而成的食品，显然也不是好食物。

如果我们过多摄入这类食品，就会剥夺身体真正所需的营养。在《加布里埃尔的方法》一书中，乔恩·加布里埃尔详细解释了营养缺乏的后果。“如果你的身体缺少必要的营养，就会形成另一种饥饿。我们只有每天都吃得够营养，让身体不挨饿，身体才会确信‘好了，我不饿了，不再需要脂肪了。瘦一点也没关系了’。”

当我意识到自己需要注重营养时，就下定决心，如果我的祖母罗萨没有吃哪种食物，那我也绝对不吃。我的祖母在 80 岁高龄时还能倒立，并且一直坚信“食物就是药物”。如果我递给她一杯“速瘦”奶昔做午餐，她一定会以“你疯了”的表情回敬我。

如果你想用敲击疗法与身体建立联系，获得健康所需的真实信息，你可以参考以下方法。

聆听身体的语言

留心身体的感受，你是感觉精力充沛呢，还是感觉胃部灼热？注意饭后一小时内的身体反应，那些食物会让你感觉劳累吗？保持好奇心，成为身体的调查员，找到最适合你和你身体的食物。

放慢速度，留意吃饱后身体的反应

我们常常会忘记，现在的食物比以往任何时候都充裕。计划节食时，我们通常都会害怕自己再也吃不到这些食物了，于是以最快的速度拼命地吃，最后导致吃进了远超出身体所需的食物。

正如布瑞恩·文森克博士在《食无止境》中所说，我们需要清理那些隔离了我们与身体的障碍。“吃光心理”不但让我们忽视了身体发出的信号，还怂恿我们“多夹一点，多吃一点，不吃光不许放下叉子”。

与其苦恼怎么解决盘子里的食物，还不如在刚开始感觉有饱足感时，就立即停止进食。身体和大脑需要在进食 20 分钟以后才能准确判断我们有没有吃饱，所以如果等到完全吃饱后才停止进食，就会摄入过量食物。而当身体再次感到饥饿时，你可能会吃更多。

追求品质

高品质的食物能为身体提供大部分必需营养，马克·海曼博士在《10 天排毒餐的血糖解决方案》（*The Blood Sugar Solution 10-Day Detox Diet*）中把这一点阐释得很好：食物的质量会影响人体基因功能、新陈代谢和健康状况，这一点值得我们充分了解。摄入自己烹饪的、新鲜的、纯净的食物能够改变你的身体机能，不会任由身体挨饿。

海曼博士自称为“品质论者”，我亦如此。我总是会选择手边所能买到的最新鲜、最优质的食物。外出旅行时，我会提前准备健康的零食。在选择零食时，我会比较哪些零食让我的负罪感没那么强烈。不管身在何处，我都会尽量选择品质最高的食物，保证身体健康、感觉良好。如果我想吃甜点，绝对不会从加油站的便利店里买，而是寻找纯巧克力类的食物。花点时间，仔细寻找，然后尽情享受。我爱巧克力。

走进厨房，让烹饪变得更有趣

食物应该在厨房烹饪，而不是在实验室里加工。拿上食谱，让孩子、配偶、父母，甚至朋友都参与进来，让烹饪变得更有趣。不要担心浪费新鲜食材，多尝试新菜谱，用上你从未用过的香料，让美味的食物成为最新、最有趣的冒险。

你对环球旅行感兴趣吗？那就去挑选当地的食材，用最新鲜的原料，在厨房里调制出异国情调的食物。如果你喜欢沙拉，那就在食谱里面添加当季食物。用沙拉碗盛出不同的季节，也相当有趣。不管你想吃什么，都要多准备一些原料，然后让烹饪变得有趣。

让饮食变得简便

“凡事预则立，不预则废。”垃圾食品确实方便，尤其是现在，大多数人的生活节奏都很快，每天都很忙碌。正因如此，我们总是轻易选择不健康的食品。我建议你提前准备健康的食物。每逢周日，我都会花一些时间把新鲜的蔬菜切好、放进冰箱，这样工作日做沙拉时，就会方便许多。不管你是前一晚准备第二天的午餐，提前制订整周的饮食计划，还是列购物清单，都要提前计划，这样才能保证饮食健康，既好吃又方便。

如果真正有益健康的食物太贵

我在纽约参加一个数字新闻学课程时，与另外两名女士同住一间小公寓。当时，《轻疗愈》的纪录片还没有现在那么火爆，所以，在交完课程费用后，我身上几乎没钱了。在那种环境下，我很快意识到，唯一能保证饮食健康的方法就是提前计划，而且只能在杂货店购买所需材料。虽然一片比萨只需要 1 美元，但是它与我的目标不符。我想要健康、充满能量。仔细挑选好需要的食材后，我发现即使在纽约，我也能在预算之内买到健康的食物，关键就在于提前计划。

你有权利享受食物的乐趣，偶尔放纵一下也无妨

现在，我想向家人、朋友致以最诚挚的歉意。因为每次找到“完美的”饮食计划时，我都会对着他们发表长篇大论。每当我信奉一项新的饮食计划，就会强迫身边人一起执行，任何违反规则的人都会被我判为“罪人”。我就像最狂热的宗教牧师，向每一个

人推销这些饮食方法，以为用这种方式就能“解救”他们。说实话，那时候的我非常让人厌烦。

我们很容易陷入错误的认知，认为世界上总有某些饮食“秘诀”能够解决所有问题。我们希望有一种秘方，能够快速燃烧腹部脂肪，能够明确告诉我们应该吃什么、什么时间吃，并在24小时之内看到明显的效果。这种恐慌让我们产生了不切实际的期望，让我们失去理智和常识。

我们已经知道，极端的饮食对情绪以及我们与食物之间的关系危害巨大。进食过少会让身体更渴望食物，并最终导致肥胖，因为身体会认为“吃了上顿没下顿”，所以自行储存脂肪。不解决身体的这一恐慌问题，会极大影响我们与食物之间的关系。长此以往，即使我们只吃健康、有营养的食物，也会对身体不利。

埃米非常注重健康，以至于踏进食品店时就会产生恐慌的感觉，仿佛所有食物都想加害她的身体。毫无疑问，现在的食物值得关注，而且了解得越多，越能看到无知的危害有多大。但话说回来，觉悟不应该等同于恐慌。如果我们被恐慌压倒，就学不到任何新知识，就丧失了创造力。

如果我们带着好奇心和兴奋感吃健康的食物，就可以体会到食物和口味的丰富程度。毕竟，营养并不意味着无聊。

另外，世上根本没有所谓“完美”的饮食方法。我偶尔会喝点酒，吃点巧克力；亚历克斯也会吃那些不过敏的奶酪。关键在于不痴迷于完美的食物，尽量有意识地享受最新鲜、最优质的食物。

这就是我要在第4章末尾安排敲击冥想练习的重要原因。如同巧克力，我们吃任何食物时都要享受它，而不应该为了寻找享受的感觉而吃巧克力。即便选择了对身体毫无益处的食物，我们也可以尽情地享受，然后在下一次选择健康的食物。

我们需要再次与食物建立良好的关系。这段关系需要我们多花些时间，真正地投入。与其执着于吃那些滋养身体的健康食物，沉迷于减肥，痴迷于学习生活得更健康，还不如在探索什么对我们最有利时享受过程。

当我们与食物建立新关系后，最健康、最好的选择，就是从食物中体验到真正的乐趣。虽然市面上许多食物都缺乏营养，但是食物本身并不是敌人。真正的敌人是我们已经与真正的食物失去了联系，所以无意中让身体陷入了饥饿模式。因此，我从来不把食物当成身体的燃料。我相信任何人都不应该有这样的观念。几千年来，人们都在享受食物、颂扬食物，所以，我们应该尊重传统，享受每一次入口的美味。

我总是尽量从食物中寻找乐趣。不仅在吃美味的沙拉时要体会到其中的乐趣，吃那些富含糖分、极易让人产生罪恶感的食物时，我也会尽情享受。当嫂子在家庭的重要时刻做了美味的黑巧克力蛋糕，我也能纵情享受，而没有丝毫罪恶感或羞耻感。它穿肠而过，不留下任何压力和情绪残留，也不会增加体重。

我们有权利享受食物带来的乐趣，偶尔放纵一下又有何妨呢？下一章我会讲到，当我们感到快乐时，身体机能就能发挥到最高水平。它会像我们支持它一样支持我们。

与食物建立新关系

手 刀 点：尽管我对于什么该吃、什么不该吃感到恐慌，但是我选择放松，相信自己的直觉。（重复3遍）

眉毛内侧：所有这些食物引起的恐慌……

双眼外侧：我不知道该吃什么。

双眼下方：食物让我很困惑，"压力山大"。

鼻子下方：似乎每个人对"正确的"饮食方法都有不一致的意见。

下　　巴：谁来告诉我到底该吃什么？

锁　　骨：食物恐慌……

腋　　下：想要找到最佳饮食方法的恐慌……

头　　顶："我该吃什么"所造成的压力……

眉毛内侧：使食物变成了敌人。

双眼外侧：我不知道该吃什么。

双眼下方：这种压力让我渴求食品的安慰……

鼻子下方：我担心自己不能"完美地"饮食。

下　　巴：如此反反复复……

锁　　骨：要么完美地饮食……

腋　　下：要么乱七八糟。

头　　顶：食物焦虑……

眉毛内侧：我已经放弃……

双眼外侧：不再想什么食物最适合我。

双眼下方：也许根本没有答案……

鼻子下方：或许根本没有完美的饮食。

下　　巴：我要用不同的方式来看待这件事。

锁　　骨：食物不是敌人。

腋　　下：我要与食物建立和平的关系。

头　　顶：我相信自己的身体，尽我所能。

眉毛内侧：我选择释放恐慌……

双眼外侧：我感觉平静、自信。

双眼下方：不再寻找所谓的“完美”饮食了……

鼻子下方：我可以感觉到身体需要什么了。

下　　巴：我相信直觉会引导我……

锁　　骨：找到支持身体的信息。

腋　　下：我抛弃了低热量食物……

头　　顶：我愿意被那些让身体保持健康的食物吸引。

眉毛内侧：我允许自己尝试……

双眼外侧：去探索什么对我最好。

双眼下方：我注意到了身体对某些食物的反应。

鼻子下方：我很耐心，也很好奇。

下　　巴：不用设定明确目标……

锁　　骨：不断了解身体的需求……

腋　　下：而身体的需求总是不停变化。

头　　顶：我与身体、与食物建立了友好的关系。

眉毛内侧：我让食物变得更加有趣。

双眼外侧：我很乐于尝试新食物。

双眼下方：我试图从那些有营养的食物中找到乐趣……

鼻子下方：并找到享受食物的平衡点。

下　　巴：我可以吃任何想吃的食物……

锁　　骨：并选择合适我的食物。

腋　　下：我要保持坦诚、好奇、耐心……

头　　顶：慢慢捕捉到身体对某些食物的反应。

THE TAPPING SOLUTION FOR WEIGHT LOSS & BODY CONFIDENCE

第 11 章

爱自己，学会自我照护和享受快乐

减轻体重和重拾形体自信都需要我们重视自我照护和快乐，认识到女性的价值不应该局限于照顾他人。自我照护和快乐是幸福的基本要素。只有当真正相信自己有权利以更健康、更充实的方式生活时，我们才能减轻体重、增强自信心。

真正的幸运来自你所拥有的态度，让自己能够感谢月亮和当下的态度。

《感恩日记》(*The Gratitude Diaries*)

现在，我们了解了压力、负面情绪以及束缚性信念对体内激素、整体健康和体重的影响。现在，我们需要了解彩虹的另一端——幸福。

幸福可以为我们创造一系列不同的内在环境。减轻体重不但不是幸福的关键，而且与幸福背道而驰。把幸福当成最优先事项，我们就能与身体建立全新的关系，进而创建有利于减轻体重的内在环境。更重要的是，如果我们能够体验到更多幸福，那生活也会以全新的、令人惊叹的方式铺展开来。

幸福与压力一样，都会影响我们体内的激素分泌。但是两者截然不同的是，幸福和快乐释放出的激素，能够促进身体健康、改善消化、加强新陈代谢，甚至延年益寿。医学博士莉莎·瑞金在其畅销书《心态胜于药物》(*Mind Over Medicine*) 中就讨论了幸福对身体健康的影响：与主观幸福感水平较低的人相比，幸福感较强的人寿命要长 10 年左右。幸福感还会影响干细胞移植成功率、糖尿病控制程度、人类免疫缺陷病毒（HIV）携带者的艾滋病发病率、中风康复程度、心脏手术以及髋骨骨折的康复率等。

此外，她还写道：研究表明，不管是在健康人群还是患病人群中，快乐、幸福和正能量一类的积极心态以及其他性格，比如对生活满意、充满希望、幽默等，都能降低死亡率，并延年益寿。事实上，幸福等精神状态能够降低心脏病、肺病、糖尿病、高血压和感冒的发病率，或遏制疾病的进一步恶化。荷兰一项针对老年患者的调查显示，乐观的心态让死亡率在 9 年间降低了 50%。

为身体注入“快乐维生素”，加速新陈代谢

虽然得知保持幸福和快乐有利于提高整体健康水平，但令人疑惑的是，快乐如何影响体重？我的学员萨莉，在意大利度假的 2 周里，就体验到了快乐的力量。在旅行中，为了享受当地的特色甜品，包括最喜欢的西佛凉——那不勒斯市的一种锥形注馅酥点，她坚持使用敲击疗法。结束旅行回家后，萨莉感觉衣服有些宽松，结果发现竟然减轻了 3 千克！

大多数人都听过类似的故事，并质疑其真实性。我们都以为自己漏掉了某些信息或被误导了。但实际上，这仅仅是因为我们没有意识到快乐对整体健康值、良好状态以及减肥都非常重要。

马克·大卫（Marc David）在其《慢慢饮食》（*The Slow Down Diet*）一书中深入探讨了假期减重的现象。所谓“假期减重”是指，虽然在度假时吃的食物比在家时更加丰富，但体重竟然比

在家时更轻。相信很多人都有过类似经历。马克·大卫在书中写道："如果没有'快乐维生素'，食物的营养价值就会下降。有了'快乐维生素'，身体的新陈代谢才能最优化。"

马克·大卫接着解释了让人产生愉悦感的化学物质——内啡肽（Endorphins，又称安多芬或脑内啡，它能与吗啡受体结合，产生止痛效果和欣快感。——译者注）如何影响人体代谢和减重：内啡肽最不寻常的地方在于，它们不仅能让人产生愉悦感，还能促进脂肪的消耗。换句话说，内啡肽既能让你快乐，又能燃烧脂肪。此外，消化道内的内啡肽含量越高，大脑就会往那里输送越多血液和氧气。这就促进了消化和吸收，进而提高了燃烧卡路里的效率。

如果放松和快乐对健康如此有益，为什么它们不能成为生活中的头等大事呢？

我们生活在一个高度重视速度和生产力的社会，因此，放松可不是什么好事。教师和长辈教导我们：干坐着不做事情就意味着懒惰、没用。只有努力工作才能解决问题，放松不会有任何收获。因此，当我们"压力山大"、不堪重负时，通常会限制或取消除食物以外的所有娱乐和自我照护活动。即便知道压力和担忧会危害健康和幸福，我们依旧依赖它们。

如果能了解放松时会发生什么，我们就能意识到放松对健康、良好状态的重要性。回想一下，你是不是经常在洗澡时灵感涌现，产生最棒的创意？因为水能让人放松，所以大脑能在你洗澡时解决在压力下无法解决的问题。

散步亦是如此。历史上许多伟大的思想家都通过散步来提高创造力、解决问题、让生活充满活力。这是因为散步能让人愉悦、放松，让思维更敏捷、更高效。

当然，敲击疗法也有类似的放松效果。它使我们与直觉连通，找到身边和心里已有的解决方法。所以“轻疗愈”网站会经常收到客户的邮件，分享他们敲击时的惊叹时刻。

虽然现有的文化让放松和快乐的重要性大打折扣，但是真正的原因在于，我们并不重视自我照护和快乐。我们经常把缺乏自我照护和快乐，归咎于生活节奏过快以及没时间或没钱。但如果深挖下去就会发现，相关的价值观或信念其实早已在我们心中根深蒂固。

回顾历史，传统文化一直都认为女性的价值低于男性。几千年来，女性的价值约等于抚育儿女以及照顾他人的能力。我们天生是看管者，热衷于养育他人。直到现在，我们的其他天赋，如智慧、创造力等，才得到认可。因为希望成为有价值的人，为社会做出贡献，我们在很早以前就学会将所有时间和精力都花在照顾他人上。于是，自我照护和快乐就成了“不应该”的，因为它们会降低我们作为女性和看管者的价值。

虽然我不鼓励女性用这些历史遗留问题来责怪男性，或把自己看成受害者，但我相信认清事实很重要，因为大多数女性在自我照护上总是困难重重。要知道，无数女性都接受了这样的教育，认为自我牺牲是无私和正确的，而自我照护和快乐是自私和错误的。

不管有意还是无意，这些观念就这样一代又一代地传递下来了。

我们被老师和家长教导，要以微妙的方式为他人牺牲自己。我非常喜欢我的朋友雷吉娜·汤玛丝豪尔（Regena Thomashauer）的方式。她是吉娜妈妈女性艺术学校的创办者。雷吉娜说："我母亲从来不会坐下来跟我们讲：'亲爱的宝贝，作为一个女人是一种特权，你能做的最好的事就是了解什么让你快乐、什么让你感兴趣、什么让你兴奋。'"

由于我们从来没有被教导过如何欣赏自己、疼惜自己，所以就觉得自己不应该被照护，不应该享受快乐。相反，我们会坚持帮别人完成任务，为别人牺牲自己的健康和幸福。然后，在满足放松和乐趣这些人类的基本需求时，我们就会把食物当成唯一的快乐来源。而当我们从食物中抽离出来，开始节食运动时，就相当于终结了生活中唯一的快乐。于是，节食、减肥变得根本不起作用。

重拾形体自信、减轻体重和增进健康，都需要我们重视自我照护和快乐，认识到女性的价值不应该局限于照顾他人。事实上，自我照护和快乐是我们感觉快乐的基本要素。只有当真正相信自己有权利以更健康、更充实的方式追寻良好感觉时，我们才能减轻体重、增强自信心。

摆脱消极的自我暗示，你只需要对自己的幸福负责

相信大家都听过这句话：倘若我们连自己都照顾不好，怎么去照顾他人？从这句话可以看出，我们自我照护的理由仅仅是为了照顾他人。客观地说，这确实是事实。如果我们忽视自我照护，就会疲劳无力；如果我们疲劳无力，我们身边的人、掌管的事都得遭殃。

如果把自我照护和享受快乐当成生活中的头等大事，我们就会意识到，这远远不止是更好地帮助别人那么简单。我曾经采访过畅销书《顺其自然的艺术》(*The Art of Extreme Self-Care*) 的作者谢里尔·理查森 (Cheryl Richardson)，她总结了女性应该学会自我照护的真实理由。以下是她的观点：

> 亲爱的，我所认可的事情是：如果你能更好地照顾自己，那你就能更好地帮助身边的人；宝贝儿，虽然我已经老了，但是我想告诉你，如果你能更好地照顾自己，那些消极的自我暗示就会消失；甜心，如果你能更好地照顾自己，那你的身体也会更加强壮；亲爱的，如果你能更好地照顾自己，那你就会更关心自己的想法，而不在乎他人的看法。
>
> 如此一来，你便能更强大，你将改变自己和身边人的生活，将对这个星球形成巨大的影响。因为限制女性力量的一大因素，就是她们不能照护好自己。

理查森的观点让我不知所措，沉默了许久。尽管我践行甚至宣传自我照护，但是直到此刻，我才知道自我照护是如此重要。只有与我们自己建立定期的、经常性的基本联系，我们才能消除消极的自我暗示，真正地欣赏自己。只有那样，我们才能发自内心地充满自信，觉得自己有魅力。只有那样，我们才能施展才华与力量，实现梦想。自我照护不是奢求，而是必需！

自我照护和享受快乐可以让我们消除消极的自我暗示，而这些自我暗示正是否决自我照护和享受快乐的最大因素。

多年来，我们一直都否定自己拥有快乐的权利，憎恶自己的身体，在独处时任由消极的自我暗示叫嚣。就这样，自我照护和享受快乐变成了不愉快，甚至痛苦的事情。

我的朋友凯莉有3个年幼的孩子，与她的交谈让我明白，自我照护或许很难进入我们的生活。有一天，她在孩子午睡时给我打电话，随口说起她有多么疲惫。我建议她躺下稍微休息一会，她却表示做不到。凯莉解释说："每次我想打盹，耳边都会响起父亲训斥我没用的声音。"她很清楚自己需要多睡会儿，但是父亲的话一直在脑海里回响。

很多女性都有过类似的经历：我们想要享受一点儿私人时间，却无法平息消极的自我暗示和别人的批评。这个时候，我们很容易去寻找其他事情来分散注意力，如食物、电视、网络等，而不去面对自我暗示及其造成的负面情绪。如果在敲击治疗时为这些情绪提供一个释放通道，我们就能真正地学会自我照护和放松。

当你慢慢地进食，享受眼前的美味，在室外坐坐或者打盹时，是否有一个声音在说"你这样做不太对"？如果有，那就一边进行敲击，一边把这些烦恼说出来，释放它们带来的负面情绪吧。

重新引入自我照护和享受快乐之后，我们也需要时刻记住：自我照护需要练习。即使有敲击疗法的帮助，一开始，自我照护还仍然会像个"外来客"，不能很好地融入我们的生活和信念之中。

我们需要不断运用新方法来放松心情，并随时查阅自我照护清单。

现在，我们来做一些敲击治疗，平息消极的自我暗示，更好地享受自我照护吧。当你想要拥有私人时间时，脑海里声音在说什么？这个声音会引起某种情绪或身体感受吗？把你的答案写下来，给那些声音、情绪和感受打分。它们就是你的敲击目标，请开始敲击吧。

手 刀 点：尽管在我想要放松时，总能听到批判的声音，但我还是爱自己，接纳自己。（重复 3 遍）

眉毛内侧：我每次想放松时，这个声音就会冒出来……

双眼外侧：它对我说："别偷懒。"

双眼下方："努力工作。"

鼻子下方："做出自己的成就。"

下　　巴："别那么自私。"

锁　　骨："做些有意义的事。"

腋　　下："你应该走得更远。"

头　　顶："继续努力。"

当主观焦虑评分低于 5 分时，你就可以开始积极描述的敲击了。

眉毛内侧：生命赋予我这份天赋……

双眼外侧：以示敬意，我选择享受这份天赋。

双眼下方：照顾好自己，才能看到自己真正的价值。

鼻子下方：自我照护非常关键……

下　　巴：它帮助我发现自己的力量。

锁　　骨：补充了能量，我才能散发光芒。

腋　　下：放松让答案更清晰。

头　　顶：感觉如此美好。

深呼吸，检查你的感觉，看看现在你的主观焦虑评分是多少。如果需要，就继续敲击，直到消极情绪全部清除为止。

针对抗拒自我照护和享受快乐的观念进行敲击时，大多数人会意识到，除了消极的自我暗示，我们还会自我限制照护自己、享受快乐的时间和缘由。但是由于这些限制已经根深蒂固，我们经常注意不到。

通过敲击，卡维塔发现自己的幸福完全被家庭左右。如果家人不开心，她就不开心。一旦孩子的表现不如人意，那她就会觉得自己没有尽到做母亲的责任，进而惩罚自己。

我的另一位客户多琳甚至觉得，如果不能满足她儿子的一切要求，她就没有权利享受快乐、照料自己。她的儿子患有严重的孤独症，这意味着，多琳幸福与否，取决于儿子的病是否能治愈。而且大家似乎都会遵循一条定律：如果不能减轻体重，我们就无法对身体感到自信。

那些与享受幸福相关的自我规定，经常使我们很难，甚至无法照护自己、享受快乐。本质上讲，这些规定都是借口，是它们剥夺了我们自我照护、享受快乐的权利。如果能够看透这一点，我们就会意识到自己应该为自己的幸福负责。只有我们才能决定自己是否有权利享受美好。把幸福寄托在别人身上，对他们来说非常不公平，也让我们身劳心累。承担别人的幸福亦是负担和压力。

想要实现突破，你必须摆脱陈腐的观念，为自己的幸福划定合理的界限。你可以想象自己正在和配偶或其他家人谈话，而你努力想让他们快乐。这与简单地敲击治疗和谈话治疗截然不同，你不需要对他们说话，只要想象那个画面就好。

你可以针对某一点持续进行敲击，也可以每次敲击时都关注不同点。一边进行敲击，一边大声说出下面的描述语，并留意自己说出这些话时是否心态平和：

我只需要对自己的幸福负责。虽然我爱你，但我没有义务让你幸福。事实上，我不能让你或任何人幸福，我只能让自己幸福。

幸福是一种选择，每个人都有权利选择幸福或者不幸福。我爱你、支持你，但这不意味着我有责任填满你的心。

我相信你的能力，相信你一定能走好自己的心灵之旅；我相信你能做出正确的选择。我现在不再为你的幸福而负责了。我选择成为一个幸福的人，并选择爱你。

卸下肩头的重担，相信你爱的人能够自己找到出路

女性天生敏锐、富有同情心和爱心，所以经常会对别人的痛苦感同身受，觉得自己有责任让他们幸福。我们觉得自己应该成

为勇士，以一己之力担起全世界的重量。然而，这一重担却会让我们痛苦。虽然大部分的行为都以爱为出发点，但是我们需要知道，同情他人并不意味着需要承担别人的痛苦。过分地给予，并不能帮助别人，也不能帮助自己。在他人受到伤害时，我们再怎么心如刀割，也不能减轻他们的痛苦。

在别人生气时，我们满腔愤怒也根本解决不了任何问题。这个世界不需要我们成为勇士，而需要我们的天赋、智慧和欢笑，以及我们的爱。当然，这里的爱并不是自我牺牲式的爱。世界需要我们照顾自己，这样我们才能散发出更耀眼的光芒，并激励别人做同样的事。更何况,我们自己都没有的东西,怎么分给别人呢?如果我们自己都没有体验过，如何能传递和平、爱与希望呢?

如果我们想要确立合理的界限，停止承担他人的痛苦，就需要学会放手，并信任所爱的人能够自己找到出路。我从一位朋友身上习得了这一经验。看到她痛苦挣扎时，我总会忍不住过去拉她一把。但是我越努力地帮她，她就越退缩。她不想让我帮忙。

随着时间的推移，我开始质疑自己伸出援手的动机，并意识到我的介入其实是在侵犯她。我很想知道那个假装知道答案的我到底是谁，我怎么会比她更清楚她该如何生活呢?于是我释放了“她的生活应该是这个样子”之类的想法，相信她能够走好自己的人生路。这可不是一件容易的事。我多次试图把她从我曾经经历过的痛苦中拉出来，但我同时不断地提醒自己要相信她的能力，那才是支持她的最好方法。我只需要让她知道，任何时候我都在她身边。

一旦我们释放了关于别人“应当”怎么做或者世界“应该”

是什么样子的想法，就能卸下压在身上的重担。只有信任他们，他们才会变得更加强大。我们不是宇宙的主人，只能跟随不断变化的节奏学习如何起舞，并尽最大的努力享受生活。

我们越努力地“安排”事情，就越容易把事情弄糟。此刻，我们也许看不到更广阔的天空，但是我们依然可以相信，事情总会得到解决。那些生命中最艰难的时刻，最终会成为我们最大的福气，因为我们会从中学到了许多。当我们允许自己正确看待挑战的价值，就会相信别人有能力承受这些经历。我们可以支持他们，但是千万不要以满足自己的虚荣心或欲望的方式。

如果能够以合理、友爱的方式信任自己和他人，卸去压在肩头的重担，那么我们也能更好地照顾自己，不管是从身体上、情感上还是心灵上。心灵的负担一旦减轻，就会在身体上显现出来。

你的时间有限，不要为别人而活

安妮是一名注册护士助理。听到语音信箱里的留言后，她心里一沉。为了更好地照顾自己，安妮会在下班之后去游游泳，但正是这样，她错过了电话。那是公司打来的电话，通知安妮在某个休息日去加班。听完留言后，安妮陷入矛盾。尽管加班会增加收入，而且她也经常在同事需要时一口应承，但这一次，她希望有一些私人时间。

接着，安妮进行了几轮敲击，然后决定照常休息。针对即将说出口的拒绝带来的不安，她在回复电话之前又敲击了几轮。然后，安妮坦率大方地表明了自己那天不能去加班。办公室秘书回答说：

“哦，安妮，你太让我伤心了。”但是安妮的回答让秘书大吃一惊：“很抱歉我不能帮这个忙，但是我相信事情一定会解决的。”

挂断电话之后，安妮也震惊了。她简直不敢相信自己能够如此立场坚定。在疑虑开始蔓延时，安妮再次进行了敲击，并不断重复办公室秘书的那句“哦，安妮，你太让我伤心了”。安妮对我说，现在，这些话再也不会触动她了，她为自己敢于拒绝而骄傲。

其实安妮的休息日并没有特别的安排，只是跟朋友约好了黄昏去游船。由于成功地捍卫了休息日，安妮才体验到有趣而愉快的玩乐。更重要的是，她的身体会迅速分泌出有益健康的激素。

我的许多客户都和安妮一样，无法拒绝别人的请求，甚至以牺牲自己的健康和幸福为代价。对我来说，对拒绝的恐惧体现在意想不到的方面：我害怕减肥之后会变得成功（那时我坚信变瘦就是成功），生活就会发生改变。因为不敢拒绝，所以害怕成功。我担心努力追求梦想让事情发展得太快。我害怕力不从心，害怕跟不上变化的脚步。

如果人们对你的合理界限做出消极反应

当我们拒绝时，人们可能不会积极响应。如果这是固定模式，那我们就需要思考身边都是些什么人。有些人可能“有毒”，他们不支持我们划分出合理的界限，不支持我们照顾自己，因为这样会给他们带来某种程度的威胁。如果是这样，我们就要慎重考虑是否要与他们保持一定的距离。

> 另一些时候，人们需要时间来适应我们的新行为模式。当你做出改变，可能会扬起一些灰尘。给灰尘一些时间，让它们找到属于自己的地方。他人总是需要一些时间才能适应我们的合理界限，适应我们的新模式。

当不知道如何用拒绝来划定合理的界限时，我们通常会觉得抱着一盒饼干蹲在电视机前，比出去追寻梦想和需求更安全。因为我们无法拒绝，所以不管梦想有多大或多小，都会让我们觉得自己在全速驾驶一辆没有刹车的汽车。一旦撞车，我们就会再次转向食物寻求慰藉，并在抱怨世事不公的同时，希望食物能够弱化打击。毕竟，我们曾经那么努力，那么渴望实现梦想。

无法把拒绝置于首位让我们产生挫败感和倦怠感。如果我们允许自己使用刹车，拒绝他人，那就可以放慢速度，甚至停下来，在需要的时候转换方向。这样，我们就会获得更多主动权，就不再需要从食物中寻找慰藉了。我们经常担心拒绝会阻碍成功，破坏社交关系，其实情况恰恰相反。当我们以正面、友好的方式拒绝他人，通常能够为自己补充能量，让自己散发出更耀眼的光芒。

见识过拒绝的力量之后，大多数人包括我，都会想继续学习怎么拒绝别人，好让自己恢复元气。在充满不确定性的环境中，我们会想回到“好女孩”模式，不拒绝任何人的请求。不过，现在不一样了，一旦发现自己想做回“好女孩”，我就会授权自己改变主意，拒绝他人。

谢里尔·理查森在《顺其自然的艺术》一书中提供了几个回应他人请求的绝妙技巧，希望能够帮助你勇敢拒绝。

回应他人请求的 3 个绝妙技巧

争取时间。告知他们你稍后会回复，而不当场给答案。

检查自己的状态。给自己一些时间，好好检查你的状态，找出最适合自己的答案。

坦诚、大方、友好地说出真相。拒绝他人时，我们最好真诚一些，带着友爱，不卑不亢。对他人为你提供如此机会表示感谢，并坦诚地告知为何自己不能接受此次机会。你不需要详细地解释原因，只要给他们一个拒绝的理由就好了。

下面，让我们用敲击疗法来学习拒绝吧。假设你的朋友、同事或者家人需要你帮忙，但是答应他们会给你的情绪和身体增加额外的负担。现在，想象自己对他们说："不，很抱歉，这次我不能帮你。"这句话会让你惶恐不安吗？当你想象自己拒绝他人时，会产生负面情绪吗？写下这些情绪和想法，并给它们打分。

手 刀 点：尽管拒绝他人的念头让我惶恐不安，但我依旧爱自己，接纳自己。（重复 3 遍）

眉毛内侧：我无法拒绝。

双眼内侧：一方面，我真的很想拒绝。

双眼下方：但另一方面，我却想接受。

鼻子下方：我很想接受，不过我已经很累了。

下　　巴：我想帮助他们，但不想牺牲健康。

锁　　骨：我需要用拒绝来找到平衡点。

腋　　下：假如他们因为我拒绝而生气的话，怎么办？

头　　顶：我现在要把所有的担忧都说出来。

敲击时请说出你所有的担忧。你害怕他人的反应吗？当主观焦虑评分低于 5 分时，你就可以进行积极描述的敲击了。

眉毛内侧：如果不能明确地答应，就拒绝吧。

双眼外侧：我得多关心自己的想法了。

双眼下方：我找了体面的方法来拒绝他们。

鼻子下方：这比我想象的容易多了。

下　　巴：我越尊重自己的时间……

锁　　骨：别人也越尊重我的时间。

腋　　下：拒绝别人……

头　　顶：就是在肯定自己。

深呼吸，检查你的感觉。你的主观焦虑评分是多少，如果需要，就继续敲击，直到负面情绪全部清除为止。

不再做“接受狂”会怎么样？

这么多年来，即便耗尽了所有精力，我也没有学会拒绝别人的请求。我觉得拒绝是一件非常可怕的事，因为它会惹别人生气。而且，我以为拒绝会让别人觉得我没用。当我还是“接受狂”时，这是常有的事。但是，虽然我接受了别人的请求，但我却怨恨着他们。

我很担心他人会因为我的拒绝而做出可怕的举动，但针对恐惧和束缚性信念进行敲击后，我开始尝试拒绝他人。刚开始会有点尴尬或不安，但是随着时间推移，效果真的相当惊人。我所有的担忧都没有发生，没人对我发火，没人觉得我无能，他们反而更加珍惜我的时间了。因为我只有在空闲时才接受别人的请求，所以他们学会更加小心地处理事情了。于是，新机会也来了。需要拒绝的时候就拒绝，我为自己划定了合理的界限，也开始肯定自己，过上了真正想要的生活。

学会向他人求助，你不必独自承担所有

伊芙琳是一位单亲妈妈，有一个 5 岁的孩子。伊芙琳与年迈的父母一起住在农场里。她的父亲靠轮椅行动，母亲一人应付不来所以需要她帮忙。此外，她还需要照顾农场里的大量动物。当伊芙琳说她完全没时间照顾自己时，我也没有立即否定她。我很

理解，当伊芙琳刚开始上我的课时，总是筋疲力尽、疲惫不堪。难得歇息和放松的时刻，伊芙琳也会想到还有那么多事情需要做，于是便内疚起来。她很容易怨恨自己爱的人，却又因为自己怨恨了他们而内疚不已。

尽管伊芙琳不喜欢这些感觉，但却迷失在无法多做工作的内疚感和对不间断工作的愤恨之中，完全找不到出口。她很爱自己的家人，也非常喜欢这份工作，更希望享受生活。通过每天敲击 10 ~ 15 分钟，伊芙琳意识到自己其实每天都能抽出一点时间放松一下，即便是零零碎碎的几分钟。

开始定期进行敲击后，伊芙琳惊讶地发现，原来自己的心里有那么多负面的自我暗示，而敲击疗法竟能够平息它们。从那以后，伊芙琳就把自我照护和享受快乐变成每天的必修课。

除了敲击和冥想之外，伊芙琳一整天都在留心自己的状态，一旦觉得自己不堪重负，就在卫生间里做几轮敲击。此外，她还坚持坐在前廊，放眼大自然，享受简单的休憩。而此前，因为心里充满了负面的自我暗示和内疚感，伊芙琳从未享受过如此宁静的时刻。

最终，伊芙琳把自我照护和享受快乐融入了日常生活，并已经能够重新欣赏自己的身体了。“我觉得自己非常棒，也更加自信了。以前，我只有在做了漂亮的发型或买了新衣服时，才会短暂地喜欢自己，且都是表层的喜欢。现在，我对自己怀有一种深深的感恩之情。真正让我惊讶的是，我对女儿的态度也更加温和慈爱了。”

把自我照护和享受快乐纳入生活不久，伊芙琳就表示自己已经从罪恶与怨恨的循环中跳脱出来了。也正因为如此，她拉近了与女儿和父母的距离，甚至毫不费力地把身上的负担卸下来了。自我照护和享受快乐为她的生活带来了惊人的改变，而这些改变让她激动不已，惊叹不止。

“没时间”“没钱”，更要加强自我照护

我们压力越大、越紧张，就越需要自我照护。辛迪在针对为什么她“没时间”来照护自己进行敲击之后，深刻地意识到了这一点。冥思、去教堂、做瑜伽，所有通往快乐的道路，都在辛迪当了妈妈之后被切断了。一夜之间，照顾孩子成为辛迪的第一要务，工作成了第二要务。自我照护已经从她的日程表上划去了：她根本没时间做这些事情。

进行敲击后，辛迪意识到，找到方法让自我照护重新成为生活中的头等大事非常重要。现在，把女儿送上校车之后，辛迪会步行 20 分钟，然后在上班前再花点时间做做敲击治疗或冥想。把自我照护当作头等大事之后，辛迪惊讶地发现，事业居然也跟着有起色了。她说：“我真心觉得我之所以能够挣更多钱，全因为我聆听了内心的声音，把自己照顾好了。”

当我们重视快乐、幸福和自我照护时，生活将会发生巨大的改变，新的机会也会随之出现。

许多女性都被欺骗了，她们总是认为，坚强、独立就意味着独

立完成所有事情。我们经常承担了过多重担而不求助，并告诉自己“这是我应该做的”。我们一直被教导说，如果足够努力，就一定会被注意到，最终一定会收获缺失的爱。然而，因为不愿意求助，我们总是独自承担所有的工作，永远疲惫，永远不受垂青。因为没有人知道我们是否需要帮助。

事实上，帮助不会不请自来。不要因为我们能做所有事，就认为应当承担所有工作。如果不说出自己的需求，就是在让我们所爱的人猜测我们的心思，而一旦他们猜错了，我们就怨恨他们。不开诚布公地表明自己需要帮助，就相当于亲手将人际关系置于危险的境地。

所以，我们需要赋予自己自我照护和享受快乐的权利，找出那些阻止我们变得足够好的障碍。我们常常在想求助的时候评判自己。但实际上，关键不在于永远不帮助别人或拒绝别人的帮助。帮助他人是一件非常美好的事情，我们需要了解自己的能力范围，并在必要的时候给别人帮助我们的机会。

另外，我们需要找到一个“收支”平衡点，允许自己收获别人的爱并接受他人的帮助。如果找不到平衡点，我们就会在帮助别人之后，不仅不能巩固彼此的关系，还会愤恨不平。

《脆弱的力量》（*The Gifts of Imperfection*）作者布琳·布朗（Brené Brown）在奥普拉的广播节目中谈道：“如果你不能撇开自我评判，主动寻找或接受他人的帮助，那么在你向他人提供帮助时，就会评判别人。因为在你看来，求助和评判是绑在一起的。在这样的心态下，你向我求助，只是因为总有一天我会需要你的帮助。这就是把求助和评判联系在一起。”

现在，我们来进行几轮敲击治疗释放这些评判，并找到给予援手和接受帮助之间的联系和平衡点。你可以想象自己正在寻求他人的帮助。也许，你手头上有很多工作需要别人帮忙。当你想象自己向他人求助时，会紧张吗？有其他强烈的情绪吗？有消极的想法吗？写下来，给出你的主观焦虑评分。接着，把注意力集中在你的答案上，并进行敲击。你可以参考以下敲击剧本。

手 刀 点：尽管求助让我很焦虑，我还是爱自己，接纳自己。（重复3遍）

眉毛内侧：我不能向他人寻求帮助。

双眼外侧：求助是不对的。

双眼下方：我必须独自完成所有任务才能证明自己的能力。

鼻子下方：做坚强、聪慧的女性……

下　　巴：我应该独自完成所有工作。

锁　　骨：求助就是承认自己失败。

腋　　下：真的是这样吗？

头　　顶：我一直对自己说的话……

眉毛内侧：求助带来的恐惧感……

双眼外侧：如果他们拒绝帮助，我该怎么办？

双眼下方：如果我给他们增加了麻烦，该怎么办？

鼻子下方：他们拒绝也没关系。

下　　巴：我拒绝也没关系。

锁　　骨：我很冷静，很清醒。

腋　　下：接受帮助没什么大不了……

头　　顶：帮助他人也不是什么大事。

深呼吸，检查你的感觉。再次为你的主观焦虑值评分，如果需要，请继续敲击，直到负面情绪全部清除为止。

10 个自我照护小技巧，让你享受更多快乐

当我与学员和客户分享自我照护的理念时，她们的第一反应往往都是犹豫和怀疑。她们有的人直接对我说“享受快乐太过简单，而自我照护又太过自私”；有的人则默默在心里想这句话。而只有经过敲击治疗，尝试践行自我照护，我们才能真正地了解享受快乐的好处。

我理解她们的心思。许多女性，包括我在内，都曾有过类似的束缚性信念，认为不经历困难的东西就没有价值。多年来，我们一直忍受重负和压抑的挫败感，说服自己没有别的选择，只能任由压力折磨我们。渐渐地，不堪重负变得习以为常，根深蒂固。这就是我们的生活方式。即便进行了敲击治疗，释放了忍受重负的习惯带来的感受，这一习惯也不会改变。只有清除了习惯背后的负面情绪，我们才能改变习惯。另外，如果想彻底戒掉某个习惯，我们需要行动的支持。

大多数人都疏于练习自我照护和享受快乐。想要让它变成每

天的习惯，我们需要有意识地做一些事情，以替代旧的带来压力的习惯。幸运的是，享受快乐是一件非常快乐的事情。

幸福感直接取决于我们允许自己享受快乐和自我照护的程度。是时候改变“幸福是他人给予的”这个念头了，幸福是我们自己挣来的。不管任何事情，“因为它让我感觉幸福”都是最令人信服的理由。

这里，我们需要提出这个问题：如何进行自我照护，体验更多快乐？为了回答这个问题，我想分享一些自己最喜欢的自我照护技巧。你会发现其实自我照护非常简单，不需要抗争，也非常顺利。至于享受乐趣，简单往往就是最好的。需要注意的是，如果你发现自己的内心还倾向于担忧、压力和负面的自我暗示，那就花点时间，针对干扰因子进行敲击。先进行敲击，训练大脑，认可放松和享受自我是一件好事。我在下面会给出一些建议，你可以采用这些技巧来自我照护，享受更多快乐。

区分个人发展和自我照护。首先，我们需要弄清楚：个人发展和自我照护不一样。尽管渴望在灵性、生理和心理层面有所发展是正面积极的事，但是个人发展始终是艰难的。而自我照护则是让我们在繁重的工作中适当休息。学习和提升自己非常重要，也很宝贵，但是如果我们想要自我照护，就必须允许自己放松思维，享受自我。

什么也不做（至少少做一些）。我们花那么多时间和精力，努力地完成工作，以至于在疲惫不堪、精疲力竭的时候都想不起来休息。与其想法子运作更快、做更多，还不如花点时间体验大自然，让思绪漫游。你可以逗逗宠物，织织毛衣，涂涂色，泡泡脚，或者看看书。试着做一些让你放松的事情吧，不需要任何理由。

让生活环境更舒适。一些小小的改变，哪怕只在餐桌或书桌上放朵花，都会带来不一样的改变。我经常在工作的时候点上一只漂亮的蜡烛，或用酒杯喝果蔬汁，这样感觉会更有趣。只要你想要让日常生活更有趣，就会发现，哪怕是很小改变也能让自己感觉良好，因为它们很重要。看看你的生活环境，问问自己："怎么样做才能让这里变得更加舒适有趣呢？"

写感恩日记或快乐日记。我们可能会忙到忘记自己多么热爱生活。养成写日记的习惯吧，每天晚上写写日记，把快乐的事情记录下来。事无巨细，不管是凉爽的微风还是与所爱之人共度的珍贵时刻，都值得记录。这些方法可以让你的生活更有乐趣，并让你留意到自己已经拥有的快乐和爱。

扩大你的欢乐泡泡。这是我最喜欢的快乐练习之一。只要有时间，哪怕是在走路、等待，或者做其他事情，有意识地想一想那些给你带来快乐、让你开怀大笑或者心存感激的事情。把注意力集中在快乐的事情上，感受身体里的正能量，让幸福感扩展开来。这些快乐的事就像是心中温暖的泡泡，当我把注意力集中在它们之上时，泡泡就会膨胀。尽可能多地尝试吧。我们感受到的幸福能量越多，生活中的奇迹就越多。在这里，我想引用瑜伽大师帕拉玛罕撒·尤伽南达（Paramahansa Yogananda）的话，来解释一下为什么这么做会让我们更快乐："当意识海里出现了欢乐的小泡泡，抓住它，不断地扩大它。静心地冥想，它就会变得更大。让它不断膨胀，直到它突破围墙，成为欢乐的海洋。"

涂上口红。花点时间穿上你喜欢的衣服，化个妆，让自己感觉更好。这不是爱慕虚荣，而是关心自己、颂扬美的重要方式。不要再轻视自己了，不要再穿着不合适的衣服，或者怕浪费时间而让头发胡乱堆着了。每天早上花上 5 ～ 10 分钟弄一个好看的发型，化个妆，穿上好看的衣服，就足以改变你一整天的状态。如果你现在就很美，那就强化它吧，这是爱惜自己和珍惜自己的最好方式。

重视睡眠。许多人都睡眠不足。是时候赋予睡觉更大的优先级了。我发现有一个方法非常有用，就是计算出我们需要花多少时间才能上床睡觉。我需要花 75 ～ 90 分钟完成敲击治疗、洗脸等睡前程序，偶尔我还会做做瑜伽。尽管有人称之为“磨磨蹭蹭”，但我还是很高兴自己养成了这些习惯。了解这一点之后，我就可以提前计划，尽早完成这些程序，然后好好睡一觉。

了解自己如何利用晚间时间也非常重要。研究表明，电脑屏幕、电子阅读设备、电视等都会干扰睡眠，所以请至少提前 1 小时关闭电视机和所有电子设备。此外，进行敲击、写感恩或快乐日记、阅读杂志和书籍都有助于睡眠。

从平凡中看到不凡。回想一天里的所作所为，思考如何才能更有趣。对我来说，边听有声读物边打扫房间会更加有趣，想着开心的事时即使在杂货店排队也很有趣。感受歌声带来的感动，仔细观察每一株小草，感叹生命的美丽和坚韧。对事物充满激情——任何事物皆可。感受手中温暖的茶杯；站在户外，闭上眼睛，扬起脸庞，感受照射到灵魂深处的温暖；不要只为孩子推秋千，试着自己荡秋千吧；滑入游泳池，感受身体周围的水波。

与网络保持距离，与自然亲密接触

许多女性都表示自己晚上会浏览网页、刷脸书，因为白天都为他人付出，现在她们需要一些时间来麻痹自己。

但是上网并不是自我照护。它会让人精神涣散、压力累积，并夺走我们的黄金时间。如果你觉得你白天为别人付出太多，那就设定合理的界限，这样就不需要在晚上麻痹自己了。

脱离科技产品会让有些人不舒服。几年前，我在中国旅游时，做了一次社交网络和科技产品的“戒瘾”活动。这是计划之外的活动，而且我在隔绝了社交网络之后的前几天里会有些焦虑，但是挺过了那几天，我就不再依赖社交网络了。我不再不停地翻看手机、刷新社交网站，而是开始享受生活中的简单乐趣。

现在，我偶尔还会做一下社交网络“戒瘾”活动，它已经成为我的习惯之一。如果我们一个劲儿地关注别人的生活，就会减少耕耘自己人生的时间。有时，我会在周末关闭所有社交网络，强烈建议你们也定期试试这种方法。

嬉戏和淘气不会拉低智商。乐观不会让你变幼稚。通常，女性的情绪波动会比较大。有时我们确实会进行严肃的商务会谈，但这并不意味着我们不能拥有积极的情绪。

用敲击疗法清除自我照护和享受快乐的阻碍，颂扬自己和身边的不凡，最终，我们就可以看到并拥抱身边的光和爱。这才是真正的奇迹，不仅在我们心里，还在身体里。

清除自我照护和享受快乐的阻碍

手刀点：尽管我之前有享受快乐的障碍，但我依然爱自己，接纳自己，我很好。（重复3遍）

眉毛内侧：享受私人时光让我感觉不舒服。

双眼外侧：还有那么多事情要做。

双眼下方：太多人都依赖我。

鼻子下方：我没时间。

下巴：我担心如果我休息的话……

锁骨：会发生不好的事情。

腋下：我只是在关心……

头顶：那些我认为需要担忧的事情。

眉毛内侧：我无法对他们坐视不理……

双眼外侧：无法让自己好好休息。

双眼下方：我必须坚持下去。

鼻子下方：我必须继续前进。

下巴：人们以此为依据判定我的价值。

锁骨：但真的是这样吗？

腋　　下：那些我一直对自己说的话……
头　　顶：都是在解释我为什么不能拥有私人时间。

眉毛内侧：我曾坚信……
双眼外侧：爱就意味着操心……
双眼下方：关怀就意味着担忧。
鼻子下方：我无法深爱或关怀……
下　　巴：除非释放这些担忧。
锁　　骨：我相信事情总会解决。
头　　顶：我要向所有可能性敞开心扉。

眉毛内侧：放松也无妨……
双眼外侧：只有我先重视自己的时间……
双眼下方：别人才会重视我的时间。
鼻子下方：拒绝别人……
下　　巴：才能肯定自己……
锁　　骨：才能自我照护……
腋　　下：才能享受快乐……
头　　顶：才能享受内心的喜悦。

眉毛内侧：这样做……

双眼外侧：生活就会发生奇迹。

双眼下方：留意身边的鼓励。

鼻子下方：相信生活。

下　　巴：相信内心的声音。

锁　　骨：我知道自己适合什么样的生活。

腋　　下：我选择良好的感觉，不需要任何理由。

头　　顶：我会鼓励别人也这样做。

眉毛内侧：让快乐变得简单。

双眼外侧：不完美也可以感觉良好。

双眼下方：我现在就选择让自己感觉良好。

鼻子下方：我要释放那些证明我的价值，却让生活艰难的需求。

下　　巴：我了解自己的价值，所以我要找到方法让生活变得简单。

锁　　骨：享受私人时间也无妨。

腋　　下：毫无理由的幸福也无可厚非。

头　　顶：我感觉非常好。

轻形愈
THE TAPPING SOLUTION FOR WEIGHT LOSS & BODY CONFIDENCE

第 12 章

变美变瘦之后可以停止情绪释放疗法吗?

变美变瘦之后，我们也需要不断学习如何爱护身体、照顾它，使之成为日常习惯。定期敲击能让我们随时了解自己的身体状况。当脑海里响起“你不够好”“你不够漂亮”的声音时，我们也可以将其完全清除。

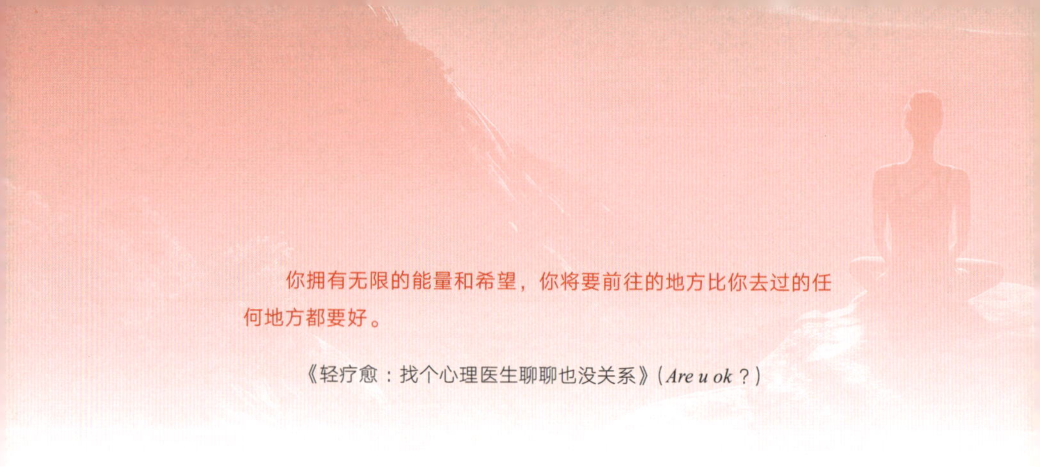

你拥有无限的能量和希望，你将要前往的地方比你去过的任何地方都要好。

《轻疗愈：找个心理医生聊聊也没关系》(*Are u ok*？)

“我终于感觉身体很舒服，自己很美丽了！”塞莉纳在我的课堂上这样说道。她不再认为自己需要减肥了。现在，塞丽娜很健康，并终于能够欣赏自己的美丽了。

就在我正打算回应她的时候，她问道：“那我想问……什么时候才算完成了呢？”

“完成什么？”我反问她。

我们都笑了。“其实我自己也不知道！”她说，“我猜是因为我先前花了太多时间在体重问题上，以至于现在不知道该做什么了。我想知道什么时候可以停止敲击治疗。”当我们想知道“什么时候可以停止”时，那就暂停下来，思考另外一个问题——“怎样才能让这段旅程更愉快？”这就是人生，而人生就是一个过程。我们一生都需要致力于生理和心理健康。我们不是要找终点线，而是享受旅程。

当我们清除了束缚性信念和负面情绪，生活就会比想象中的更神奇。然而，即便如此，我们永远也摆脱不了疑惑和不安全感。不同的是，当我们再次感受到疑惑和不安全感降临时，可以不再受它们的控制了。我们会意识到快乐、幸福以及感恩之类的情绪触手可及。

即便在瘦下来之后，我们也需要不断学习如何爱护身体、照顾它，使之成为日常习惯。停止敲击就好比我们以前从不洗澡，后来开始洗了，然后说“好了，就这样吧，我现在很干净，不需要再洗了”。实际上，敲击永远都完不成。如果想要成为最优秀的自己，过上最好的生活，就难免沾上污垢，因此也不应该停止洗澡。这是我们人类的常识。

定期敲击能让我们随时了解自己的身体状况。当脑海里响起“你不够好”“你不够漂亮”或“你不能这么做”的声音时，我们可以提醒自己，这些声音只是小小的土堆，完全可以清除，并知道不应该让这些声音决定我们是谁。因此，听到这些声音时，不要惊慌。我们可以定期敲击以清除它们，就好像定期洗澡清除污垢一样。

我们还可以通过敲击了解身体、思想和灵魂到底需要什么，放下那些“纠正自己”和“结束旅程”的想法，并享受现在。如此一来，我们就能更清楚地看到食物和运动如何影响我们；我们就能感受到身体是需要更多睡眠，还是更多工作上的成就感，或是人际交往中更开放的心态。我们越了解身体的神奇之处，乐趣也越多。我们为身体提供支持，身体也会支持我们，生活也就变得更轻松。

我们会发现，如果我们享受现在，旅程就会比所谓“追求目标”更有趣，回报也更丰厚。当我们由内而外地转变，就会越来越爱自己和自己的身体。虽然体重减轻、重拾健康、活力四射的感觉非常好，但我们很快会明白，这一切都是爱自己之后产生的附加效果。

为了全身心地踏入“爱自己”的路程，我们首先必须清除所有由自身经验造成的阻碍，不管是有意还是无意。本章将详细讲述这一点。

即使再次陷入减肥循环也没关系

“如果从马车上摔下来（Fall Off The Wagon，意指旧瘾复发。——译者注），我该怎么做？”这是我最常听到的问题。除非你是《草原上的小木屋》（*Little House on the Prairie*）里的人物，否则很少有机会坐上马车。既然你在读这本书，那我就假设你不是。

我想说的是，没有马车，只有你的人生。担心自己会从想象中的马车摔下来或已经摔下来，就和寻找不存在的终点一样，是在剥夺自己享受当下的权利。如果体重增加了，或者饮食方法不理想，不要愧疚，只要下次做出更好的选择即可。

当你想象自己从马车上掉下来时，会产生什么情绪？愤怒、沮丧还是悲伤？让这些感受成为你的敲击向导，然后针对与“马车”相关的信念进行敲击。你可以参考以下敲击顺序，并整合出一种新的思维方式。

手刀点：尽管我感觉自己旧瘾复发了，但我还是爱自己，接纳自己。（重复3遍）

眉毛内侧：我旧瘾复发了。

双眼外侧：我之前做得非常好。

双眼下方：我曾经干劲十足……

鼻子下方：但现在却搞砸了。

下　　巴：我犯了一个错误……

锁　　骨：于是栽了跟头。

腋　　下：我曾经做得那么完美……

头　　顶：但一切都被我搞砸了。

眉毛内侧：幸运的是根本没有马车。

双眼外侧：这就是我的人生。

双眼下方：此时此刻……

鼻子下方：我要选择更有爱的思维和行动。

下　　巴：完美只是传说。

锁　　骨：这一刻，我找到了和平。

腋　　下：我知道自己处于何种境地。

头　　顶：现在就采取行动关爱和照料自己的身体。

深呼吸，检查你的感觉。如果还是沮丧或愤怒，那就让敲击具象化，直到负面情绪全部清除为止。

为什么总会回到老路上呢？

现在，我偶尔还会回到旧模式，但一旦出现这种状况，我就会对自己说："嗨，老朋友，很抱歉我现在抽不出空招待你。”然后选择另一种不同的模式。我不会惊慌，也不会认为自己失败了，更不会举起双手投降，认为自己“没救”了。相反，每次陷入旧模式时，我都会非常自豪、非常兴奋，因为我发现旧模式是个狡猾家伙。我会慎重地思考：“之所以会回到旧模式，是因为我之前敲击得不彻底，还是因为我还没形成更新、更健康的模式呢？”

卡罗琳在大学时爱上了跳舞。舞蹈让她找到了自我，所以她知道，失眠就意味着她需要跳舞了。有一天，当卡罗琳正要离开舞蹈室时，她的老师——一位著名的现代舞编舞师拦住了她。老师厌恶地看了卡罗琳一眼说：“就你这样的身材，想成为舞者简直是痴人说梦。”她表示，卡罗琳要么节食减肥，要么放弃成为专业舞者的梦想。卡罗琳非常震惊，也非常伤心，并迅速转到了表演专业，因为表演专业的跳舞课程少得多。

现在，卡罗琳已经是两个孩子的母亲了，她做梦都想成为瑜伽老师，但因为自己的身材而不敢尝试。因为不够苗条，她自大学时期起就觉得自己不能以瑜伽的形式展示身体。当卡罗琳在我的课堂上表达了这一恐惧之后，得到了所有同学的鼓励和支持。同学们表示，她们希望能够向一位身材不完美但真实的女性学习瑜伽。一直以来，卡罗琳都因为身材不够苗条而不敢教瑜伽，但现在，她终于有机会向他人展示自己的天赋了。

传统的教育观念认为女性应该拥有最高标准，不断追求完美，这样的话才有价值。然而，成为完美的人压力非常大，为此所做的每一件事都会把我们逼疯。

我们要保持苗条的身材，但同时不能太瘦；应该美丽，却不能过于性感；要坚强，但又要娇柔；要富有爱心，但最好别太情绪化；要独立，又不能太高冷；要自信，且不能自我陶醉；要热衷于服务他人，但是也不要完全牺牲自我。

当我们把这些标准运用到减肥、照顾身体、供给营养和锻炼计划甚至敲击治疗中时会发现，完美永远可望而不可即。

随后，我们便会放弃自己，因为："如果我无法变得足够优秀，那么再刻苦用功又有什么意义呢?""既然我不漂亮，那就穿宽松的运动衫吧。""既然大腿这么粗，那么再好看的发型也没用啊。""我这么胖，有什么权利花那么多时间照护自己呢?""除非减轻了体重，否则我不能实现任何梦想，没有资格说出心里话，不能追求理想、分享知识。"

对完美品质和外貌的追求永远没有尽头，且耗时耗力。追求完美会让我们陷入绝望之中，失去自我控制。然后，我们会从只吃一块巧克力，变为吃掉一整袋；我们会因为破坏了完美的节食计划而破罐子破摔。但实际上，正是想要拥有完美的生活、完美的大腿、挺翘的臀部、成功的事业、美好的家庭和社交关系的信念，阻止我们感受到幸福。

我们是女性，是有情绪的人类，所以有时确实需要保持优雅得体。那是我们本应该有的样子。但这并不意味着我们需要时时刻刻保持完美。我们要做的是享受当下、关爱自己、体验良好的感觉，并尽可能不被体重困扰。

享受人生的关键在于意识到你已经足够好，你选择的路是正确的。我们不需要达到任何标准，不需要满足任何人的期待。我们不需要过自己不喜欢的生活，或把生活变成脸书上朋友们呈现出来的那样。我们只需要与自己和平相处，相信自己已经足够好。这也是我们使用敲击疗法的原因。所以即使变瘦了，这趟减肥与形体自信之旅也需要继续。

停止追求完美，做真正的自己

过度追求完美是一种流行病，治疗的方法就是不瞎想、多行动。当我们从核心层面与身体建立了联系，就会重视自己的想法，而不是只在乎别人的看法。

我之所以热衷于敲击疗法，是因为它能快速、有力地让我们与身体联系起来。当我们与身体建立了联系，就再也不需要思考如何才能更加完美了。我们能真正地做回自己。我们可以照顾身体，不刻意取悦别人；我们的行动不是为满足某个标准，只是因为我们相信值得这样做。这时，我们就可以创造出可持续的变化了。

敲击之后，盖尔意识到自己多年来都在费尽心思追求完美，以求得到别人的认可。“我现在懂了，外部的赞美、感谢、爱和欣赏，永远不能让我幸福、快乐。我一直努力取悦别人，以获得自我满足感，但实际上，我无法从别人那里得到我所需要的东西。“所以，我总是尝试变得更加完美，认为也许这样我就会得到回应。但是这不可能实现，因为我渴望的只有自己才能给予，我一直都在缘木求鱼。”

盖尔的经历在所有女性身上都能找到痕迹：没有自我接受和自爱，别人给予再多爱和认可也不够。

完全融入减肥和形体自信之旅，我们才会停止追求完美。作为替代，我们应该追求进步、追求救赎，而不是追求答案。这就是我们享受旅程并不断前进的方法。在开拓前路之前，我们或许会陷入误区，不断地寻找答案而不是一步一个脚印地边旅行边探索。

在一次家庭聚会上，我对姑姑彭妮说，虽然有一些亲戚金发碧眼，但是奥特纳家族的人都有一个共同的特征——丰满的嘴唇。“哦，没错，真是太不幸了。”她回应我。我困惑地看着她说：“许多女性都去做填充术，让嘴唇看起来更丰满呢！”她摇了摇头说：“不，在我那个年代，人们都喜欢小巧精致的嘴唇。”

许多人厌恶自己身体的最大原因竟然是它们跟不上潮流！因为它们不符合不断变化的流行趋势，所以我们不喜欢自己身体的某些部位。当很大一部分人有肥胖问题时，标准的女性美却要求我们拥有苗条的小男孩式的平板身体。于是，臀部、大腿和腹部这些能显示女性特色的部位，就成了所谓的“问题部位”。但是别忘了，詹妮弗·洛佩兹和碧昂斯可是让浑圆的臀部成为一种时尚，虽然这一时尚也很难跟上。

这样难道不可笑吗？我们因为自己的身体不够完美而感到羞愧，于是在流行趋势不断改变之时毫不犹豫地改变我们对“完美”的定义。我的朋友埃琳·香农（Erin Shannon）博士将敲击疗法运用到职业运动员身上。她说很多顶级运动员都深受“完美身材”观念的荼毒。运动员或许是对自己身体最没自信的人，因为他们认为自己的价值取决于身体状态。因此，他们不断地挑身上所谓的“缺陷”。

完美身材只是传说。拼尽全力去模仿某些女性的外貌，正如一心想要减轻体重一样：我们效仿的对象其实也被“完美”的身材折磨。

瘦下来并不意味着负面的自我暗示的终结，也不意味着形体自信的重现。即使减肥能够改善健康状况，甚至改变我们对自己身体的看法，也永远达不到“完美”，只有关爱身体内部才能从里到外地改变。

我什么时候才能达到理想体重？

人们经常问我：“我什么时候才能达到理想体重？”但是这个问题的答案不由我决定，也不由其他任何人决定，而是由你自己决定。我只能提供一些想法作为指引：当你不再把食物当成快乐和救赎的来源时，体重最理想；当你用运动来表达对身体的感恩之情时，体重最理想；当你看到自己的美时，体重最理想。不总想着体重时，你就是最理想的。你只需要愿意承认这一点就可以了。

生活跌宕起伏，你要始终爱自己、接纳自己

尽管我已经提醒大家，瘦下来之后的那段时间很危险，十分值得注意，但仍然有许多女性迷失了，所以我必须在这里详细分析一下。

我的不少客户都深信，成功减肥后一切都会变得有条不紊、无可挑剔。她们悄悄地想象着自己的事业将要腾飞，人际关系将被改善，并受到所有人的关爱和崇拜。

很多时候，我们之所以减肥，是因为觉得减肥可以让生活变得更完美，但这只是一个谎言。这个谎言剥夺了我们享受当下生活的机会，影响了我们享受快乐，阻止了我们追寻想要和需要的东西。

减轻体重并不能改善我们的社交关系，也不会让事业迎来第二春。要明白，那只是我们对自己撒的谎。

真正能改变生活的是我们对待自己的方式。这是不是意味着你不应该减肥，不应该享受减肥带来的健康和活力呢？当然不是！你应该体会到自己的身体有多强大、精力有多充沛，但是一旦你有了减肥就能拥有完美时刻的念头，就会产生压力，影响你的享

受旅程。如果你一直等待完美时刻的出现，那你将永远享受不到进步带来的喜悦，因为对你来说，这些进步远远不够。

拥抱当下的生活，我们才会有脚踏实地的感觉，并最终享受生活。我的一个学员曾在她释放了追求完美的念头之后，体验到自由的快乐 ："以前，我会为我的拖延症找各种各样的借口，比如'身材不够完美''今天没有用完美的方式做事''今天还没有获得完美的建议'。但运用敲击疗法并实施了减肥计划之后，我的拖延症痊愈了。我开始优先处理重要事务了。这让我感觉越来越好。"

我的另一个学员表示 ："我发现,做一个'完美的母亲'和'完美的妻子'的愿望，阻止了我做真正的自己。敲击疗法帮我打消了成为完美之人的念头。"如果释放了追求完美的需求，我们就能以有意识的、温暖的、自然的方式不断发展，不断成长。

纵观本书，我们都在阐述意识的力量。作为理智的、有爱心的女性，我们大部分人都会积极寻找内外合一、共同发展的方式。虽然这个动机很积极，但我们需要认识到这也会产生消极影响。

在上一章的末尾，我们已经知道，自我提升并不是自我照护。我们经常强调，自我提升如果再进一步就会变成自我惩罚。因为敲击疗法的功能非常强大，我们很容易养成这种思维方式，即所有问题都会有对应的解决方法。所以，当我们刚清除一个麻烦而下一个麻烦又冒出来时，就会想 ："我还需要提升自己。"这么一来，我们就无法享受麻烦解决之后的轻松感和解脱感，因为我们会迅速投入下一个麻烦中去。

当然，敲击疗法带来的惊人效果，会令我们陷入思维困境：既然敲击的效果如此显著，那我们应该就不会再有负面情绪了。生活并非如此，敲击也并非如此！如果生活一成不变，一直平静、温和、乐观的话，就会无聊至极。生活就像一首歌，有高音也有低音。跌宕起伏之间的对比，让我们真正地欣赏彼此，充满活力。

敲击疗法不能控制未来，也不能让我们远离负面情绪，但它可以帮助我们透过美妙的音乐欣赏到生活中各式各样的音符。当你用敲击疗法解决困难时，我希望你能时刻牢记：你不是一个需要解决的麻烦。你应该专注于寻找更好的新方法，继续关爱自己，接纳自己。

与其盲目崇拜，不如坦诚学习

美女和修女也会放屁，虽然她们有时会把责任推给宠物狗。我们都有悲有喜，并且害怕被拒绝。我们都是感性的人类，会竭尽所能、追求最好。

我们会望向别的女性，崇拜她们，羡慕她们的人生，并拿自己的生活与她们公之于众的生活做比较，然后得出结论：自己的生活不够好，比不上别人的。

如果一味崇拜别人的生活、别人的身材，那我们就没时间和精力来经营自己的生活，照顾自己的身体。

与其崇拜别人或拿他们与自己做比较，不如抱着好奇心，探究她们身上到底有什么特点值得你学习。嫉妒是一种渴望，可以唤醒我们身上的力量。你可以赞美别人的成就，但是你和他们一样，也可以创造出不凡。

是的，减肥和形体自信之旅可以很严肃，但不管路途多崎岖，都别认为是自己出了问题。你在不断地成长、进化、学习新的方法来爱自己。在这个过程中，你不需要以“完美”为标准来改变自己的感受和外表。

如果你打算踏上自我探索的旅程，那就记住：没有幽默感，我们就无法生存。我们越是痛苦，就越需要欢笑。笑声是最完美的解药，因为它让我们忘记烦恼，与身体建立联系。这就是我绝对不把脂肪妖魔化，而是选择无视它存在的原因。

掌握释放所有恐惧的能力

正如我们所见，这段旅程的精髓，不在于获得时尚大片中模特们的身材，也不是向肥胖带来的所有健康问题发起挑战或者投降，而是要弄清楚如何照顾好自己。在最健康的状态下，我们最强大；而要想成为最健康的人，我们必须先释放自己的情绪。

如果说，我希望你能从本书学到什么的话，那就是掌握释放所有恐惧的能力。作为女性，别人经常认为我们过于情绪化。于是，我们会学着隐藏情绪，以免被认为太疯狂或太敏感。然而，我们这一强大的感知力其实就是最了不起的天赋。它使我们富有同情心、感觉敏锐，让我们有能力培养自己和我们爱的人，让我们成为了不起的女性。

我们的目标不是无时无刻都保持幸福快乐，也不必因为自己不如阳光般闪耀而羞愧。我们的目标是意识到我们没有必要成为环境的受害者，意识到我们可以做自己想做的事情，让自己感觉更美好。

通过敲击治疗，我们能够坦然接受各种不同的情绪，即便陷入失望之中也能享受激情。这就是不再害怕任何情绪后的结果。因为我们知道自己可以处理失望情绪，并从中积累经验，然后在下一次找出不同的应对方法。同样，即使未来不确定（现实也经常如此），我们也能感觉到快乐和安全。

我们对自己和情绪的接受度越高，在遇到挑战时出现的戏剧性结果就越少，失败的概率也越低。我们可以感受到自己的情绪，用敲击疗法或行动释放情绪，然后继续前行，而不是惩罚自己和我们爱的人。思考如何不再被汹涌的海浪冲回沙滩并不能给我们带来信心。

我们应该知道，即便海浪浇湿了我们，敲击疗法也会为我们带来信心，为我们掌舵，让我们继续前进。我们从现实中找到越多安宁，就越会信任这一点：不管生活是惊涛骇浪还是风平浪静，我们都能乐在其中，甚至会感激风暴让我们看到了自己多么强大、多么能干。

勇敢走出舒适区

尝试新事物（新训练班、新项目，甚至新蔬菜）非常可怕，因为我们习惯于害怕未知。

我最喜欢的一句瑜伽谚语是："在姿势中找到自在。"用新方式移动身体或扩展感知极限，可能会让你不舒服，但一旦在姿势中找到了自在，这个姿势就会让你更轻松。

如果我们只追求安全舒适的东西，只需要每天窝在沙发里吃垃圾食品。而要想真正地活着，就必须走出舒适区。在你不舒服时，不需要评判自己，这只是成长的一部分。值得注意的是，敲击疗法能够帮你在新的领域找到自在感。

这么多年来，我们都在否定自己的价值，被负面情绪击倒，所以才会觉得自我照护非常不自然。

正如我的一位学员所说的："有时我会觉得自己已经释放了那么多情绪，是时候与现在的自我见一次面了。因为随着洋葱被一片一片剥开，故事的内核出现了。我知道自己不再焦虑或抑郁了，但释放这些情绪之后，我也不知道自己是谁了，就好像自己与自己变成了陌生人一样。"

在踏上减肥和形体自信之旅时，我们需要不断探索喜欢的以及给我们带来启发的东西，需要花时间弄清楚自己的信仰。用敲击疗法拔除了杂草，就必须重新种上种子。我在书里分享了许多积极的敲击提示语，它们非常强大，且是能让你变得强大的“维生素”，记得每天服用哦。

庆祝每一个微小进步

许多人都会在庆祝前一个成就之前，就开始等待下一个“结果”，但是享受旅程的关键在于留意自己的进步，并为之庆祝。这件事上不能犯拖延症，不要等到减掉 10 ~ 20 千克以后才庆祝。我们必须每天都为自己取得的每一个小进步庆祝。

认识到及时庆祝的重要性，是唐娜在我的课堂上取得的第一个突破。有一天，唐娜在家工作时，突然感觉头昏眼花。于是，她走向冰箱，并发现了一袋巧克力糖，那应该是她十几岁的儿子留下的。她很惊讶儿子居然会把巧克力糖落下，因为家人都知道唐娜对巧克力完全没有抵抗力。但是这次，她只吃了几片就放下了——不好吃。随后，她意识到，自己一点儿都不饿。于是，她没有丝毫挣扎和负罪感地把糖果放回冰箱，也再没有吃下更多的欲望。后来，唐娜才意识到那一刻有多重要。正如她自己所说的：“这可从未发生过！”

对于唐娜来说，那一刻着实值得瞩目，而且让她非常自豪。我们越是注重对微小变化的庆祝，就越能创造更多变化，也越能享受这一过程。生理变化可能会比较缓慢，但是俗话说得好：开心的时光总是稍纵即逝。

享受接下来的旅程

眉毛内侧：我为自己自豪。

双眼外侧：我已经走了这么远。

双眼下方：我尊重自己所处的位置……

鼻子下方：我准备好开始下一步了。

下　　巴：我要拥抱生活。

锁　　骨：我享受这段旅程。

腋　　下：我是自己的标杆。

头　　顶：感觉良好的感觉真好。

眉毛内侧：当我用充满爱意的词汇对身体表达感恩之情时……

双眼外侧：当我留意到不友善的声音时……

双眼下方：我选择感受身体里的力量……

鼻子下方：选择做一个友善的人。

下　　巴：我承诺要支持镜子里的那个人……

锁　　骨：即使她犯了错误。

腋　　下：自我否定毫无成效。

头　　顶：我现在选择关爱自己，肯定自己。

眉毛内侧：身体动起来了……

双眼外侧：生活也就动起来了。

双眼下方：运动让我学会创造和感恩。

鼻子下方：我更加喜欢运动了。

下　　巴：我开始意识到什么食物对身体有益。

锁　　骨：没有所谓的目标。

腋　　下：我要持续学习身体需要什么食物。

头　　顶：与身体和食物建立友爱的关系。

眉毛内侧：我要让快乐成为头等大事。

双眼外侧：找到更轻松的方式为生活增添乐趣。

双眼下方：为自己拨出时间，简单地放松。

鼻子下方：学着拒绝别人……

下　　巴：就是在肯定自己。

锁　　骨：我重视自己的时间……

腋　　下：别人也就会重视我的时间。

头　　顶：把我的幸福放在首位也无妨。

眉毛内侧：展示才华也很安全。

双眼外侧：我正向着梦想前进。

双眼下方：我有足够的勇气和信心。

鼻子下方：我不在乎别人的想法……

下　　巴：我选择尊重自己的想法。

锁　　骨：这是我自己的旅程……

腋　　下：如果允许自己发光发亮……

头　　顶：我就能鼓励别人做同样的事情。

眉毛内侧：我不再寻找问题的每一个答案了。

双眼外侧：我不再只靠自己来解决难题了。

双眼下方：能走到这里，我很开心。

鼻子下方：体重不再是问题。

下　　巴：体重只是在试图引起我的注意……

锁　　骨：以此激发我的潜能。

腋　　下：自我照护让我拥有强大的力量。

头　　顶：我深爱、接受并由衷感谢我的身体把我引到这里。

你值得一个闪闪发光的人生

当我的学员在课堂上分享自己的经历时，我常听到她们说："我以为只有我是这样。"她们非常惊讶地发现，原来大家在食物、体重、运动等方面的经历是如此相似。

追求完美造成的压力是如此之大，以至于我们总是把自己与其他可以支持我们的女性隔离开来，让自己禁锢在了旅程中。而正如本书一直强调的那样，我们不需要做更多的挣扎，而只需获得更多的爱和支持。如果你也处于减肥和形体自信之旅中，那就需要认识到一点：不管我们将经历或已经经历了什么，还有许多女性与你感同身受。

与成千上万名网络学员的会面让我知道，假如我们愿意彼此坦诚，就会意识到其实大家并没什么不同。我们对自己的真实感受越坦诚，羞愧感就会越少。当然，我并不是在说你们要围坐一圈，一起唱歌，或互相抱怨。我说的是要做真实的自己，对别人抱有同情心。

我有一名学员曾经分享说：“这个小组给了我一样我找了 54 年都没找到的东西——接纳。大家是如此强大，帮我接纳自己，关爱自己。向他人求助没什么大不了，没人会说我应该更加努力，或指责我的成就还不够。”搞砸与食物和身体的关系，比我们想象的更常见。当然，好消息是，我们可以通过敲击来解决这个问题。

如果能够接纳自己以及自己的情感，那我们就能敞开心扉，吐露自己的难处，向志同道合的人寻求帮助和支持。与其退避一旁，不如让我们聚在一起，相互支持。

每学期，我的网络课程都只有短短几周，但课程结束后，学员们还会继续在脸书上发帖子，为彼此加油打气。这些支持和鼓励的力量非常强大，在她们的生活中引起连锁反应。不管你是不是敲击小组成员或者我的网络学员，我都鼓励你拥抱所有可能性、接受别人的支持。它们经常会在意外的时间，以你意想不到的方式出现。

有一回，我和妈妈一起参加 5 000 米长跑比赛，这让我深深感受到群体支持的力量。当我快接近终点时，那些为运动员加油打气的围观群众表现出来的热情与兴奋让我惊呆了。那种感觉真的难以置信。虽然我很累，但欢呼声让我充满了力量感，支撑我跑完了整个赛程。

而我一跑完，就走到跑道旁边为场上的其他运动员加油。然后，我转身跑过赛道，陪妈妈一起冲刺到终点。当我们闯过终点线时，人群的欢呼声和我第一次达到终点时一样热烈、响亮。人群中的大多数人我都不认识，但是我却感觉我们相识已久。他们的支持把这场比赛变成一段精彩的、鼓舞人心的经历。这是如此简单而深刻的体验，让我知道群体力量是何等强大。我们都需要支持。我，作为群体中的一个，为你欢呼！

这真的只是一本减肥书吗？

收到的所有评论中，我最喜欢一位学员写的话："谢谢，杰茜卡，你用这个课程的名字欺骗了我们。你真正在做的是女性激励运动，鼓励女性改变自己的生活，让我们的能量流动起来，让世界变得更加美好，让我们爱上生活……另外还带来瘦身、延年益寿、生活美满、身体健康等附加作用。非常感谢你所做的一切！"

当我第一次读到这段话时，眼睛里噙满了泪水，因为它清楚地指出了我做这件事情的初衷。我们都是女性。我们不能把自己的生活一片片割开。所以，当我们一心想着减肥时，最应该做的事情就是终止努力减肥的一切行为，试着过单纯的生活。

减轻体重、感觉良好的最有力方式，就是用敲击疗法清除所有负面情绪和束缚性信念。这样，你就能够听到自己内心的声音。是时候关心自己的想法了。所以，放心大胆地学习探戈吧！鼓起勇气要求加薪吧！拒绝那些让你精疲力竭的人吧！

不管你的身心在说什么，仔细聆听吧。要想体会到敲击疗法产生的所有惊人的益处，你得花点时间去做。如果你不把敲击疗法当成生活中的头等大事，那么就收效甚微。即使早上只敲击 10 分钟也会改变你一整天的状态。

这不是关于食物的旅程，也不是关于运动的旅程。虽然这段旅程可以也应该能在这两方面（和其他许多方面）取得积极正面的效果，但是，如果想要获得长期的形体自信和减肥效果，就不能局限于这些改变，而应该着眼于一个更大、更重要的旅程。

如果我们不再为是否运动而纠结，而是因为运动让我们感觉良好而渴望运动；如果我们不再计算卡路里或因为吃了“不好”的食物而羞愧，而是出于食物美味可口并富含对身体和灵魂有益的营养等原因去吃新鲜、健康的果蔬；如果我们不再藏身于阴影，而是关爱自己、享受快乐，那么我们就能完成这段旅程。当我们觉得自己的外貌和状态都非常好，并乐意向世界展示我们的天赋、散发光彩时，那么我们就已在这段旅程中取得了进步。

从此，我们可以变得富有爱心、坦诚，随时准备并且能够适应各种变化；从此，我们不再需要维持原状以获得所谓的安全感了。我们清楚地知道，身体会随着岁月的流逝而改变，我们的心胸会更加宽广，天赋也将被强化。而且，因为内心已经完全不一样了，我们会不再害怕这些改变。因为我们已经深深爱上了自己、接纳了自己。我们可以尽情享受旅程，感谢一路上的颠簸和崎岖，因为它们提醒我们：生活正在继续，我们可以而且必须喜欢它们，关爱自己，一如当下。

我不是在讲减肥，也绝对不会讲减肥。我在讲关于人生、力量和发光的勇气。

致 谢

“感谢”二字太轻，不足以表达我对所有帮我完成此书、一路以来支持我的人的感激之情。

感谢我的哥哥、最好的朋友和最佳拍档——尼克和亚历克斯。你们经常泼我冷水，以防我得意忘形，让我脚踏实地；你们一直在我身边，为我助力加油。

尼克，多亏了你的爱、不可撼动的信念和疯狂的想法。是你成就了现在的我。你绝对不会让任何事物分散了注意力，你用最真诚的热情，把世界变得更美好了，是你每天都在激励我。

亚历克斯，没有你的善良和聪明，这一切也不可能存在。你倾尽心血去践行改变生活的灵感，你总是表演电影情节让我发笑，直到笑出眼泪。我敬仰你们，不仅因为你们是我的兄长，更因为你们都是了不起的人。

感谢父亲母亲在我选择这条艰难的道路时，坚决地支持我。

做你们的女儿我三生有幸。布伦娜，我爱你，有一个从7年级开始的好朋友做嫂子真的非常棒。有了你的帮助，核校这本书时非常顺利。我很感激我们在一起的每一个时刻。

卡伦，我会永远珍惜我们一起为这本书奋斗的时光。感谢你为我敞开了美丽家园的大门。感谢我的侄子马拉凯和卢卡斯，以及我的侄女奥利维娅。也许人们会怀疑这几个4岁、2岁和8个月大的孩子怎么可能帮我写书，但是你们的确帮助了我很多，我甚至无法用言语来表达。你们的笑声和爱意让我在踌躇犹豫时精神大振。

感谢迪尔德丽·马诺和莎拉·戴德，有人生来就有姐妹同行，而有人则在人生道路上找到了同行的姐妹。很幸运，我找到了你们。感谢我的所有家人和朋友，因为你们，才有了这本书。

许多人都为这本书的诞生奉献了自己的时间和精力。瑞德·崔西，我永远都忘不了你打的那个电话，是你鼓励我写下这本书。我当时很害怕，是你的信念为我插上了飞翔的翅膀。我永远心存感激。

帕蒂·吉夫特，你是一位非常不可思议的朋友和出色的编辑。谢谢你信任我的愿景。谢谢温德姆·伍德，遇见你是我八辈子修来的福气。谢谢你的爱和支持。谢谢露易丝·海、克里斯蒂安·诺思拉普博士、谢里尔·理查森、莉莎·瑞金博士、艾丽安·德波瓦、劳拉·格雷、奥特姆·米尔豪斯、玛丽·艾尔斯、米歇尔·波利齐、埃莉·雅克·卡彭、埃琳·斯塔兰特，为你们深鞠躬，谢谢！

谢谢《轻疗愈》的编辑和主任尼克·波利齐。我永远都不会忘记在兄长那套单身公寓里拆开所有影像设备的那一天，因为我们实现了巨大的飞跃。很高兴我们是一起飞跃的。

谢谢每一个为情绪疗法奋斗的人。如果没有你们，这一切都是空谈。谢谢那么多敲击疗法和个人成长领域的专家接受我的采访。我所知道的一切，都源自我站在了巨人的肩膀上。对于这一切，我万分感激。

G R A N D
C H I N A
PUBLISHING HOUSE

《感恩日记》

[美] 贾尼丝·卡普兰　著

张淼　译

定价：49.80 元

媲美《向前一步》的必读书目
每天 5 分钟书写感恩，练习爱的能力

- 详细解析医学与心理学都在证实的甜蜜生活实践法
- 感恩是一种力量，它将使你享受生活，获得幸福，重新找回爱的能力
- 每天记录 3 件值得感恩的事，让抑郁不断减少，让快乐持续累积
- 内含休·杰克曼、马特·达蒙、丹尼尔·克雷格等好莱坞巨星的私家访谈
- 著名主播青音、关系心理学家胡慎之、复旦大学心理系教授张学新一致推荐